질문이랑 놀이랑

영유아 하브루타 질문놀이

질문이랑 놀이랑

김선미 권문정 지음

산지

"영유아가 하브루타를 한다고요?"

"과연 영유아들이 하브루타를 할 수 있을까요?"

질문에 대한 답부터 말씀드리자면 이렇습니다.

"네. 그럼요. 만 0세부터 만 5세까지 모든 영유아가 할 수 있습니다."

'하브루타'는 아이를 키우는 부모라면 한 번쯤 들어보았을 것입니다. 하브루타는 유대인의 전통적 교육 문화로 전성수 교수에 의해 소개되었습니다. 이후 교육계는 하브루타를 주목했습니다. 초중고 공교육 현장은 물론 입시 학원가에 이르기까지 하브루타를 받아들였습니다.

하브루타는 '짝을 지어 대화하고 질문하며 토론하고 논쟁하는 것'이라고 전 교수는 정의했습니다. 현장의 반응은 뜨거웠습니다. 이유는 분명합니다. 실제로 하브루타 수업을 통해 수많은 성공 사례가 보고되었고, 놀라운 수업 효과가 입증되고 있기 때문입니다.

하브루타의 교육적 영향력을 살펴보기 위해, 먼저 유대인의 우수성을 살펴볼 필요가 있습니다. 2018년 사이언스 타임즈에 의하면, 유대인은 세계 인구의 0.2%에 불과하지만 역대 노벨상 수상자의 22%를 차지합니다. 세상을 움직이는 유명한 기업의 CEO 다수가 유대인입니다.

유대인의 우수성은 자녀 교육법에서 비롯되었습니다. 곧 하브루타입니다. 그들에게 하브루타는 요람에서 무덤까지 이어지는 문화입니다. 하브루타로 성장하고, 하부르타로 일상을 살아갑니다.

우리 교육계는 왜 하브루타에 열광하는가?

우리나라 교육의 문제점으로 주입식, 암기식을 지적합니다. 하브루타는 이러한 교육 시스템과 대척점에 있습니다. 위기에 처한 이 땅의 교육에 새로운 지평을 제시합니다. 특히 4차산업 시대에 있어서, 하부르타가 곧 희망이기 때문입니다.

신학기 준비를 위해 모인 교사 회의 자리였습니다.

영유아기 시기에 하브루타를 시작해야 하는 필요성에 대해, 원장인 저는 교사들과 이야기를 나누었습니다.

"하브루타를 하면 아이들의 사고력과 창의력은 물론 메타인지를 발달시킬 수 있어요. 더구나 하브루타로 존중의 질문을 한다면 선생님들의 상호작용도 질적으로 높아질 거라 믿습니다. 이거야말로 일

거양득이라고 생각해요."

저는 아이들과 하브루타를 할 생각에 마음이 들떠 있었습니다. 교사 회의를 마친 후 원감 선생님이 걱정스러운 얼굴로 찾아왔습니다.

"원장 선생님. 하브루타가 정말 아이들에게 꼭 필요하고 좋은 것 같아요. 그런데……."

원감 선생님은 내 안색을 살피더니 겨우 말을 이어갔습니다.

"도대체 어떻게 시작해야 할지 모두 막막해하고 있어요."

이런 고민은 하브루타를 시작하고자 하는 부모님도 별반 다르지 않을 것입니다. 영유아에게 하브루타로만 접근한다면 당연히 어렵고 재미가 없습니다. 아이들은 재미가 있어야 관심을 갖습니다. 관심이 생겨야 지속할 수 있습니다. 예전의 교수법대로 지시와 명령으로 이끌어 간다면 '하브루타는 재미없다'는 생각이 아이들의 머릿속에 자리 잡게 될 것입니다. 결국 하브루타의 교육 효과는 기대하기 어렵습니다.

그렇습니다. 하브루타를 하브루타만으로 접근하면, 영유아기 아이들에게는 재미없는 교육에 불과합니다. 그러나 놀이로 접근하면 상황은 달라집니다. 하브루타 본래의 교육적 효과가 아이들에게 자연스럽게 스며들게 됩니다.

아이들의 일상인 놀이와 하브루타가 만나면 쉽고 재미있습니다. 질문이 놀이가 되면 아이들은 관심과 흥미를 갖게 됩니다. 아이에게 놀이는 본능이며 삶 자체이기 때문입니다. 하브루타에 놀이가 필요한 이유입니다.

질문놀이는 영유아를 위한 하브루타입니다.

아이들은 하브루타를 하면서 질문으로 놀이를 시작합니다. 놀이를 하다가 질문을 합니다. 질문으로 놀이를 하는 동안 아이들은 질문에 익숙해집니다. 자기의 생각을 자연스럽게 표현합니다. 질문놀이를 하면서 아이들은 자율적으로 놀이를 선택합니다. 그 놀이를 주도적으로 진행할 수 있게 됩니다.

친구들과 놀이를 하다 보면 아이들도 나름 난관에 부딪히기도 합니다. 질문놀이에 익숙한 아이들이 문제를 어떻게 풀어나가는지를 보여준 예가 있습니다.

재활용품으로 놀이 하던 날이었습니다. 아이들은 요구르트병으로 마치 에펠탑처럼 탑을 만들고 있었습니다. 요구르트 빈 병을 테이프로 감고 연결하여 높이 세우다 보니 자꾸 쓰러졌습니다.

"히잉, 자꾸 쓰러지네?"

탑을 만들던 수빈이가 속상한 듯 말했습니다. 옆에서 바라보던 수아가 말했습니다.

"힘이 없어서 그래."

"그럼 어떻게 하지?"

"요구르트병 말고 힘이 있는 걸 찾아보자."

아이들은 우유갑을 모아 탑을 쌓았습니다. 그런데 또다시 무너집니다.

"우유갑이 무너지지 않게 하려면 어떻게 하면 좋을까?"

선생님의 질문에 아이들이 골똘히 생각하더니 말했습니다.

"우유갑을 테이프로 칭칭 감아서 연결하면 될 것 같아요."

"지난번 우유갑으로 의자 만들었을 때처럼 신문지를 막 넣어서 단단하게 해요."

아이들은 스스로 생각한 대로 우유갑에 신문지를 넣었습니다. 테이프로 감아가며 쌓기 시작했습니다. 드디어 쓰러지지 않는 높은 탑을 만들 수 있었습니다.

아이들은 문제가 생겼을 때 질문을 했습니다. 질문에 대해 서로의 생각을 말했습니다. 다시 문제에 부딪히자 같은 과정을 반복하며 해결책을 찾아갔습니다. 곧 질문놀이를 한 겁니다. 이 과정을 통해 아이들은 어떤 효과를 얻었을까요.

첫째, 문제를 파악하는 사고력이 향상되었습니다.

둘째, 문제를 해결하려 여러 방법을 시도하는 과정에서 창의성을 발휘했습니다.

셋째, 서로의 생각을 경청하고 공감하면서 사회성이 발달했습니다.

질문놀이는 일상생활부터 그림책, 동시, 동요, 그림, 미술 등 모든 상황에서 할 수 있습니다. 부모가 무언가를 열심히 준비할 필요가 없습니다. 있는 그대로 시작하면 됩니다. 블록 쌓기를 하면서, 바깥 놀이를 하면서, 심지어 마트에서 장보기를 하면서도 얼마든지 아이와 질문놀이 할 수 있습니다.

이 책은 아이들과 수년간 하브루타 질문놀이를 했던 경험과 사례를 바탕으로 만들었습니다. 숱한 시행착오를 통한 결과물로 교육 현장과 가정에서 쉽게 하브루타 질문놀이를 시작할 수 있도록 방법을 제시하였습니다.

만 0세에서 만 5세까지의 발달적 특징을 고려한 구체적인 방법과 질문놀이를 단계적으로 따라 할 수 있도록 실제 사례를 실었습니다.

유아는 물론 특히, 하브루타 질문놀이를 적용하기 어려울 것으로 생각하던 만 0세에서 만 2세 영아의 사례가 수록되어 있습니다.

영유아들의 질문놀이를 시작하는 부모와 교사에게 방향을 제시하는 지침서로 활용되기를 바랍니다.

아이들과 하브루타 질문놀이를 시작하는 가정과 교육 현장에 문화로 싹트고 꽃피고 열매 맺기 위한 씨앗이 되기를 간절히 바랍니다.

교실에서 하브루타 질문놀이가 교육 문화로 스며들도록 노력하고 연구하는 시립평택항어린이집 선생님들, 하베르 권문정 소장님, 넉넉한 마음을 아낌없이 내어주신 조창인 작가님께 마음 깊이 감사드립니다. 이렇게 좋은 분들을 만나게 해주신 하나님께 감사드립니다.

2022. 2. 저자 김선미

1장

질문놀이 첫 시작 이렇게 How!

2장

질문과 친해지는 놀이

3장

영유아 발달 시기별 질문놀이 이렇게

4장

교실에서 가정에서 영유아 질문놀이

영유아도 질문놀이 할 수 있어요 질문놀이 첫 시작 이렇게 하세요

질문놀이 첫 시작
이렇게 How!

질문으로부터
배움은 시작된다

"시끄럽다, 조용히 해"

그 옛날 쫑알쫑알 떠들던 우리가 선생님께 가장 많이 들었던 말이다. 칠판 한 구석에는 어김없이 '조용히'라는 단어가 쓰여 있었다. 그 말은 우리를 주눅들게 했다. 조용히 선생님 말씀을 잘 들어야 착한 학생, 곧 모범생이었다. 우리들의 다양한 생각과 의견, 호기심과 궁금증은 '조용히 해'라는 말로 불필요한 것처럼 여겨졌다.

게다가 선생님의 질문은 우리를 진땀나게 했다. '질문은 곧 정답을 말하는 것'이었다. 오로지 정답 만이 허용되었다. 따라서 생각은 늘 정답 찾기를 향해 있었다. 정답을 모르면 꾹 입을 다물고 있는 편을 택했다. 이런 일이 반복되다 보니, 어느덧 질문 자체가 달갑지 않은 것으로 인식되었다.

그러나 요즘은 질문의 중요성이 새로이 받아들여지고 있다. '질문이 있는 교실'이라는 이름으로 질문의 교실 문화가 확산되는 중이다. '정답을 말하는 질문'보다 '다양한 생각을 말하는 열린 질문'을 강조한다. 질문 자체를 기피하던 인식에서 벗어나는 추세이다. 초등학교 교과 과정에도 질문을 만들고, 질문에 자신의 생각을 말하는 내용이 포함되어 있다.

참 반가운 일이다. 무조건 조용히 선생님 말씀을 듣고 따르는 교육의 한계를 인정한 셈이다. 곧 질문이 지닌 영향력에 공감한 변화이다.

질문을 통해 아이의 사고력이 발달한다. 창의성이 향상된다. 나아가 자발적인 동기부여로 능동적인 미래의 인재상을 형성한다. 그러므로 쫑알쫑알 떠드는 아이들을 마음껏 떠들게 해야 한다. 아니, 더 많이 말하도록 질문을 던져야 한다.

영유아기는 엄마와 선생님들이 피곤할 만큼 질문이 많다. 주위에 낯선 것들이 많은 만큼 알고 싶은 욕구, 즉 호기심도 많다. 그러나 학교에 들어가면서 아이들의 입에서 질문이 사라진다.

아이들의 호기심과 궁금증은 성장하면서 저절로 사라지는

것일까? 궁금했던 것을 다 알게 되면서 스스로의 인지 능력으로 궁금증을 해결한 것일까?

그렇지 않다. 외부의 영향으로 스스로 질문을 포기한 것이다. 넘치는 호기심과 끊임없는 궁금증이 어른들에 의해 억압받고 훼손된 것이다.

"엉뚱한 생각 좀 하지마."

"넌 뭐가 그렇게 궁금한 게 많으니?"

"그냥 공부나 해."

이러한 반응들이 아이들의 질문을 억압한다. 호기심은 질문을 통해 해소된다. 그러나 질문이 차단되면서 더 이상 호기심을 갖지 않는다. 그저 어른이 시키는 대로 조용히 따르는 수동적인 아이로 변해간다.

얼마 전 방영된 tvN의 '질문으로 자라는 아이' 프로에서 두 명의 청년을 소개했다.

먼저 구글에서 UX 엔지니어로 근무하는 한국인 김종민 씨. 그는 엔지니어링과 디자인 감각을 두루 갖춘 융합적 인재이다. 그가 인터넷에 올려 유명해진 개인 작업물을 보고 실리콘 밸리의 많은 회사들이 스카웃 제의를 했다고 한다. 학력이 아닌 능력을 인정받아 구글에 입사했다.

그는 어릴 때부터 호기심이 많아 질문을 자주 했다. 어릴 때는 괜찮았지만 크면서 핀잔받기 일쑤였다.

"조용히 있어라. 너의 의견을 말하지 말아라. 가만히 있으면 중간은 간다."

그가 자라는 동안 귀에 못이 박히게 듣고 배웠던 것들이다.

구글에 입사하고 보니 미국의 조직문화는 한국과 달랐다. 적응이 어려웠다. 특히 신입사원이 상사 앞에서 거침없이 자신의 의견을 말하는 것을 보고 그는 적잖이 당황했다. 한국의 조직문화에서는 상상조차 할 수 없는 일이었기 때문이다. 상사에게 스스럼없이 질문하고 의견을 말하는 것을 보고 따라 하고 싶어도 정작 용기가 나지 않았다.

그는 어린 시절 호기심과 질문이 많았고 창의성이 남달라 인정받았다. 그러나 한국의 교육 풍토에서는 용납되지 않았고, 점차 질문할 용기가 사라졌던 것이다.

시카르 샤프데프는 대학교 졸업을 앞둔 학생으로 실리콘밸리의 한 기업에 지원했다. 채용 면접관을 만난 그는 면접관 앞에서 거침없이 자기 생각을 말했다. 나이 어린 지원자는 면접관의 질문마다 말버릇처럼 "좋은 질문이네요"를 반복했다.

"마지막으로 궁금한 점이 있습니까?"

채용 면접관의 물음에 그는 이렇게 말했다.

"대학을 막 졸업한 사회 초년생이 이 회사에서 얼마나 많은 책임을 져야 하는지에 대해 알고 싶습니다."

우리나라에서는 상상도 못할 당돌한 질문이었다. 그러나 그의 부모님은 그에게 늘 말했다고 한다.

"항상 많이 질문하고, 멍청해 보이는 것을 두려워 말아라."

그는 때때로 질문을 하면 친구들이 무시할까 봐 두려웠다. 그래도 질문하는 것이 나아질 수 있는 방법이기에 지금도 계속 연습하고 노력하는 중이다.

우리의 아이들은 왜 질문을 하지 못하는가?

진행자인 교육공학자 폴 김은 한국 교육 문화에서 그 원인을 찾았다.

"엄청난 역량을 지닌 아이들이 학교에 다니면서 점점 주도적인 생각을 못 하게 됩니다. 아이에게 정답을 암기하고 주어진 문제를 해결하는 방법에만 집중하게 만들기 때문이죠. 이러한 풍토가 질문이 없는 아이들로 만듭니다. 곧 아이의 주도적인 생각에 수갑을 채우는 것과 같습니다."

우리는 질문하거나 질문받는 것이 익숙하지 않다. 질문으로 귀찮은 상황을 만드느니 그냥 가만히 있으면 중간은 간다고 생각한다. 과연 가만히 있으면 중간은 갈까? 냉정하게 평가하자면, 가만히 있으면 아무것도 알 수 없다. 중간도 가지 못한다.

질문 능력은 사회생활을 하면서 새롭게 배우는 것이 아니다. 어릴 때부터 허용된 환경과 교육을 통해 학습된다.

첫째, 부모님 스스로 인식의 변화가 필요하다. "선생님 말씀 잘 들어라"는 말 대신 "모르는 것은 반드시 질문하라"고 말해야 한다.

둘째, 질문이 허용되는 교육 환경이 절실하다. 어떠한 대답도 용납되어야 한다. 아이의 감정과 생각을 마음껏 말할 수 있도록 해야 한다. 나아가 더 많은 생각을 끌어낼 수 있는 좋은 질문을 제공해 주어야 한다.

영유아기는 좋은 습관을 만들기에 적합한 시기이다. 질문을 대하는 태도는 이때부터 시작되어야 한다. 이러한 문화적 환경이 조성될 때 질문과 생각을 말로 표현할 수 있게 된다. '가만 있으면 중간은 간다'라는 대물림도 끊어질 것이다.

지금 우리에게 필요한
최고의 열린 교육

어느 날 인터넷에 문제가 생겼다. 업무 마비에 전화까지 먹통이 되어 답답함과 불안감이 두 배로 느껴졌다. 언제부터 인터넷 없이는 아무 일도 못 하게 된 걸까?

30년 전 일이다.
"누나 ,내가 컴퓨터 가르쳐 줄게"
당시 인기 학과인 정보통신과에 입학한 남동생이 툭 던진 말이다.
"누나는 평생 이 어려운 컴퓨터를 사용하는 일은 절대 없을 거야."

나와 전혀 상관없다는 듯 호언장담하며 손을 내두르던 기억이 난다. 그로부터 채 10년도 되지 않아 나는 얌전히 컴퓨터 앞에 앉고 말았다. 시대의 변화를 외면한 채 나만의 방식을 고수하며 버틸 재간은 애초에 없었다. 이제는 인터넷이 되지 않으면 두 손이 묶인 것처럼 아무것도 할 수 없을 지경이다.

인터넷의 급속한 발전으로 우리는 자신도 모르는 사이 포노사피엔스가 되어가고 있다.

포노사피엔스는 스마트폰 없이 생활하는 것을 힘들어하는 세대를 일컫는 신조어다. 이제는 많은 사람들이 스마트폰을 신체 일부처럼 사용한다. 가히 우리 모두는 포노사피엔스인 셈이다.

어린아이들도 예외는 아니다. 식당에서도 아이들은 앞에 차려진 음식보다 스마트폰에 시선이 고정되어 있다. 덕분에 부모는 편하게 밥을 먹는다. 아직 말도 못 하는 아이조차 손가락을 들어 스마트폰 화면을 잘도 움직인다. 자신이 원하는 앱을 찾는 어린아이가 이제는 신기하지도 놀랍지도 않다.

포노사피엔스들이 사는 4차산업혁명 시대에서는 인간지능과 인공지능이 공존한다.

몇 년 전 이세돌 9단과 알파고의 바둑 대결이 장안의 화제였다. 당시 이세돌 9단은 다섯 번의 대국에서 알파고에 네 판을 지고 한 판을 이겼다. 이후 바둑 인공지능 프로그램은 국내외에 많아졌다. 이제는 프로기사들이 AI로 바둑을 배우는 시대가 되었다. 세계 순위 1, 2위의 프로기사는 최상위 바둑 AI와의 대결에서 3점을 먼저 두고 대결해도 패배할 정도로 실력의 격차가 벌어졌다. 인간과 AI의 지능 대결은 더 이상 무의미해졌다. 엄청난 규모의 데이터베이스로 구축한 AI의 능력을 상대할 인간의 능력은 한계에 부딪혔다.

이처럼 세상은 빠르게 변해간다. 그러나 정작 교육 현장에서는 그에 맞는 변화를 실감하지 못한다. 여전히 가시적 학습 성과에 관심이 많다. 달라지는 미래를 대비하는 교육의 지침조차 제대로 마련되어 있지 않다.

인공지능 로봇과 경쟁하며 살아야 할 우리 아이들에게 필요한 교육은 무엇인가?

요즘 'AI 얼굴 평가 테스트'가 화제이다. 연예인의 사진과 내 사진을 비교하여 얼굴을 평가하는 어플이다. AI는 내 외모가 어느 정도의 수준인지 점수로 평가하고 나와 닮은 연예인을 보여주기도 한다. 그러나 AI는 여기까지이다.

AI는 입력된 빅데이터로 객관적인 미남 미녀의 얼굴을 분

별할 수 있지만 사랑스러운 얼굴을 찾는 것은 불가능하다. 부모가 자기 아이의 사진을 보며 사랑스러운 미소를 짓는 표정을 AI는 평가할 수 없는 것이다. 사랑이 가득 담긴 따뜻한 표정이 주는 아름다움을 AI는 판단할 수 없다. 인간만이 느낄 수 있는 감성과 정서의 영역이기 때문이다.

스마트폰 어플을 사용해 사람이 감정을 말하면 AI가 어떻게 대답하는지 알아보았다.

"나 슬퍼."

"속이 비어서 그래요. 빈 속을 달래면 마음도 곧 가라앉을 거예요."

"나 울고 싶어."

"제가 딱히 할 수 있는 건 없지만, 그냥 옆에 있어 드릴게요."

이런 상황에 무슨 맥락 없는 말인가 싶다.

친한 친구가 '슬프다, 울고 싶다'라고 말하면 적어도 우리는 이렇게 말할 것이다.

"왜 그래? 무슨 일 있어?"

"내가 다 들어줄게. 얘기해 봐."

"속상한 네 마음을 이해해."

"속이 후련할 때까지 울어. 내가 안아줄게."

AI와 인간의 문제 해결 능력은 시작점부터 다르다.

AI는 질문을 들으면 데이터를 통해 답을 찾아낸다. 질문이나 상황에 정답만을 내놓는 AI는 감정을 공감하는 능력이 없다. 데이터베이스의 통계 수치로만 상황을 판단할 뿐, 인간의 심리를 읽지는 못하기 때문이다.

인간에게는 특별한 판단 능력이 있다. 감성을 기반으로 한 공감 능력이다. 타인을 공감하는 능력은 오로지 인간에게만 있는 능력이다.

질문을 받으면 우리의 뇌는 자동으로 생각하며 사고력을 키워준다. 던진 질문의 답을 들을 때는 경청과 공감이 필요하다. 상대의 말을 이해하고 자기의 생각을 말하기 위해서 배려도 필요하다.

질문을 주고받는 것은 상대의 정서를 공감하고 존중하는 긍정적인 상호작용인 것이다. 그로 인해 공감 능력이 길러진다. 생각하고 상상하고 말로 표현하는 가운데 창의력도 발달한다. 방대한 데이터베이스를 가진 유능한 AI라 할지라도 가질 수 없는 능력이다.

급변하는 사회에 살아가야 할 아이들은 AI와 공존하면서, AI에게 수없이 도전을 받게 될 것이다. 많은 일자리를 인공지능이 대체할 것이다. 그러므로 우리는 인공지능이 갖지 못할 역량에 주목해야 한다.

인간만의 역량을 어떻게 갖출 것인가?

우리 아이들에게 생각하는 힘이 필요하다. 주어진 지식을 받아들이는 교육이 아니고, 호기심을 가지고 스스로 찾아가는 배움이 필요하다. 궁금해서 원리를 찾고, 더 많은 의문을 품으며, 생각하고 판단하는 능력이 필요하다.

질문으로부터 시작된 배움은 미래를 살아갈 아이들의 사고력과 창의력, 공감 능력을 길러줄 최고의 교육이다. 질문을 통해 아이들은 생각을 시작하고, 상상을 넓혀가며, 자유로운 표현을 연습하게 될 것이다.

가정에서 또한 어린이집, 유치원에서 무한한 아이들의 잠재력을 이끌어내는 교육을 시작해야 한다.

하브루타 질문놀이가 그것이다.

말을 하기 전부터, 말을 시작하면서 질문의 습관이 필요하다. 질문을 통해 사고하고, 마음껏 상상하며, 거칠 것 없이 자신의 생각을 표현하는 습관이 일상이 되어야 한다. 그럴 때 아이들은 미래를 대비하는 역량을 갖추며 성장하게 될 것이다.

친절이 과하면
아이는 질문을 멈춘다

달팽이다!

달팽이를 보며 신이 나 소리치는 아이들을 보니 기분이 좋아진다. 역시나 아이들은 달팽이에게 달려가 질문을 쏟아내기 시작한다.

"선생님! 이 달팽이 누가 가져왔어요?"

"선생님이 너희들 보여주려고 가져왔지."

"선생님! 이 달팽이 뭐 먹고 살아요?"

"상추 같은 채소."

"선생님 달팽이 똥이 왜 파래요?"

"상추를 먹어서 똥도 상추 색이야."

아이들이 답답해할세라 바로바로 알려주는 선생님. 친절해도 너무 친절하다. 그렇게 친절하지 않아도 되는데…….

아쉬운 마음이 들었다.

사실 궁금증에 대한 답은 굳이 선생님이 아니어도 쉽게 알 수 있는 곳이 많다. 말만 하면 척척 알려주는 AI 로봇, 단어만 입력해도 주르륵 정보를 뱉어내는 인터넷 검색 엔진, 알고리즘으로 눈을 뗄 수 없게 만드는 유튜브 채널 등이다.

생각을 더듬어보면 스마트폰을 사용하기 전에는 가족의 전화번호는 물론 중요한 전화번호 몇 개 정도는 외우고 있었다. 스마트폰이 생활화된 지금은 저장된 전화번호를 초성 검색으로 찾을 수 있다. 더 이상 외울 필요 없는 편리함은 외우지 못하는 무능함으로 연결된다.

아이의 질문에 즉시 답을 알려주는 것도 이와 마찬가지다. 호기심과 상상의 즐거움이 차단된 아이들에게 창의력을 기대하기란 어렵다.

달팽이를 본 아이들이 생각할 수 있도록 질문으로 돌려주면 어땠을까?

"우와~ 달팽이다, 선생님 달팽이 어디서 왔어요?"

"글쎄 어디서 왔을까?"

"밖에서 잡았어요? 선생님이 샀어요?"

"밖에서 잡았을까? 아니면 선생님이 샀을까?"

"선생님이 샀을 것 같아요."

"왜 그렇게 생각해?"

"선생님이 달팽이 잡는 게 힘들 거 같아요."

"아하 그렇구나, 네가 생각한 대로 선생님이 준비했어."

"선생님, 달팽이는 뭐 먹고 살아요?"

"그러게? 선생님도 궁금하네? 달팽이는 무엇을 좋아할까?"

"나뭇잎?"

"나뭇잎이라고 생각했구나. 그럼 달팽이가 정말 나뭇잎을 먹고 사는지 알아볼까?"

"선생님, 달팽이는 상추를 먹고 살아요."

"아하 그렇구나. 그럼 달팽이 줄 상추를 어디에서 찾지?"

"우리 집에 상추 있어요. 아! 우리 텃밭에도 있어요."

"아 그렇구나! 상추가 텃밭에 있지?"

"그럼 바깥 놀이할 때 텃밭에서 상추를 가져다가 달팽이 줄 래요."

선생님이 아이들의 질문에 꼬리를 물어 질문으로 화답한 다. 그러자 놀랍게도 아이들은 스스로 생각하고 판단하는 성취 감에 신이 난다. 아이들의 질문에 바로 답해 주지 않는 불친절 이 오히려 생각 근육을 키우는 좋은 영양제 역할을 한다.

사과나무에서 사과가 떨어지는 것을 보고 뉴턴은 만유인력 의 법칙을 발견했다. 뉴턴은 사과나무 밑에 누워있다가 떨어지 는 사과를 보고 갑자기 만유인력의 법칙을 발견했을까? 당연 히 그렇지 않다. 물체의 질량과 거리와 힘에 대해 긴 시간 동안 수많은 질문과 답을 찾는 과정이 있었기에 가능했다.

전구를 개발한 최초의 발명가 에디슨이 필라멘트의 원리를 떠올린 순간은 단 몇 초였겠지만, 그 과정은 절대 짧지 않다. 전 구의 빛이 오래 갈 수 있도록 하는 물질을 개발하기 위해 수천 번이 넘는 실험을 했을 것이다. 수천 번의 실험마다 질문을 했 기에 전구의 발견이 가능했다.

질문은 생각을 확장시킨다. 질문은 생각을 멈추지 않게 한 다. 질문은 답을 찾기 위한 과정만이 아니다. 생각의 폭과 깊이를 더해주는 과정이다. 이러한 의미 있는 과정이 반복될 때 아이의 생각 근육은 단단해진다.

우리는 때로 아이에게 더 많은 지식을 넣어주려고 한다. 더 자세하게, 더 친절하게 설명한다. 그러나 정작 아이는 생각을 멈춘다. 수동적으로 받아들이는 지식은 재미가 없기 때문에 아이는 생각하려 들지 않는다. 결국 아이의 사고력 발달에 아무런 영향도 도움도 주지 못한다.

영아들의 식탁을 생각해보자. 엄마들은 아기의 영양을 생각해 입속에 꾸역꾸역 음식을 떠넣는다. 아기들은 혀를 내밀어 뱉어낸다. 그러나 아기가 음식을 스스로 먹도록 해보라. 숟가락을 손에 쥐어주든, 손으로 집든 자기 힘으로 먹도록 해보자. 아기들은 신이 난다. 비록 입으로 들어가는 양이 적을지언정, 아기들은 즐겁게 음식을 입에 넣는다. 자기 손으로, 자기 생각으로 하는 모든 행위는 자발성을 높이며 나아가 학습이 된다.

친절한 설명을 멈추자.

아이가 스스로 생각할 수 있도록 기회를 주자.

설명 대신 질문으로 아이가 더 많은 것을 생각하도록 유도하자.

불친절한 엄마, 불친절한 교사가 되자.

스스로 뇌를 움직여 받아들인 지식만이 아이를 성장시킨다.

하브루타 질문놀이
빠를수록 좋은 이유

3월이 되면 어린이집은 분주하다. 첫발을 내딛는 신입 원아들의 적응 프로그램이 시작되기 때문이다.

엄마 손을 잡고 교실에 들어온 24개월 민이. 엄마 등 뒤에 숨어서 좀처럼 얼굴을 보여주지 않았다. 교사가 건네주는 놀잇감에도 관심이 없는 듯 민이의 눈동자는 허공을 바라보고 있었다.

그렇게 며칠이 지났다. 엄마 없이 친구들과 교실에 남겨진 민이에게서 이상한 점을 발견하였다.

등 뒤에서 "민이야" 하고 이름을 불러도 마치 듣지 못하는 양 아무런 반응이 없었다. 이상한 마음에 급히 민이 앞으로 가 눈을 바라보며 다시 말해보았다.

"민이야, 선생님이랑 냠냠 놀이할까?"

민이는 아무 목소리도 들리지 않는 듯 무심하게 얼굴을 이리저리 피하기만 하였다. 겨우 필요한 것이 있거나 요구사항이 있을 때만 울음으로 표현했다.

그날 오후 민이 엄마와 상담을 했다.

민이에게서 관찰된 점을 이야기했다. 이어 민이가 태어나고 1년 동안 엄마가 어떤 자극을 해주며 놀았는지 조심스럽게 물었다.

"선생님, 제가 산후 우울증을 겪으면서 아이에게 아무런 자극을 해주지 않았어요. 아이가 순하다 보니 잘 울지도 않았죠. 저도 그냥 아이가 누워있는 대로 내버려 뒀거든요. 우울증도 있었지만, 제가 말수가 적은 편이라 조용하게 지내는 게 좋았어요."

민이 엄마는 울먹이며 한숨을 쉬었다.

"제때 기저귀 잘 갈아주고 잘 먹이는 것 외에 아이 얼굴을 보며 말하거나 놀아주지 않았던 것 같아요."

눈물을 훔치는 민이 엄마에게 '하브루타 질문 놀이' 소개했다. 미션이니 잘 따라주길 부탁했다.

민이와 눈 마주치고 자주 대화하기.

민이의 감정과 마음을 존중하는 질문하기.

그림책을 많이 읽어주고 엄마랑 같이 대화하며 놀기.

민이 엄마는 질문놀이를 낯설어했지만, 지금도 늦지 않았다는 선생님의 말에 힘을 얻었다. 그리고 1년 동안 교사의 도움을 받아가며 질문놀이를 계속했다.

우리는 왜 민이 엄마에게 하브루타 질문놀이를 권했을까?

첫째, 뇌 발달이 급속히 이루어지는 시기의 좋은 자극이 된다.

영유아기는 스펀지처럼 세상 모든 것들을 무한정 받아들이는 시기다. 태어나서 2년 동안은 가장 빠른 속도로 두뇌 발달이 이루어진다. 출생할 때 성인의 25% 크기였던 영아의 뇌는 만 2세가 되면 성인의 75%까지 증가한다. 이 시기에는 다양한 자극과 경험에 의해 뇌의 신경세포 결합으로 생성되는 시냅스가 급속도로 증가하게 된다. 시냅스의 증가로 영유아의 모든 영역에서 발달이 이루어지게 되는 것이다.

두뇌 발달의 결정적 시기인 영유아기는, 아이가 듣고 보고 느낀 모든 것들을 있는 그대로 받아들인다. '어렵다' 또는 '쉽다'의 구분은 어른의 편견과 고정관념에서 비롯된 것이다. 무엇이든 스며들듯 받아들이는 영유아기 아이에게는 이러한 구분은 없다. 있는 그대로 받아들인다.

이 시기의 질문놀이에 의문을 품을 수 있다. 아기가 뭘 알아듣겠어? 아기에게 무슨 하브루타 질문놀이를 해? 그러나 오히려 질문놀이의 효과는 매우 크다. 뇌의 발달이 급속도로 이루어지기에 더욱 좋은 자극이 되기 때문이다.

둘째, 어린 시절 습관이 중요하다.

'세 살 버릇 여든 간다'라는 속담이 있다. 어릴 때 들은 버릇이나 습관이 나이가 들어도 변하지 않는다는 뜻이다. 좋은 습관은 물론 나쁜 습관도 아이의 일생에 큰 영향을 준다.

영유아기는 평생을 좌우하는 습관이 형성되는 시기다. 습관이 형성된다는 것은 뇌에 각인이 된다는 의미이다. 그러므로 영유아기에 좋은 습관을 만들어 주는 것은 매우 중요한 일이다.

질문놀이는 아이에게 질문하고 생각하는 습관을 갖게 한다. 아이에게 답을 알려주기보다는 꼬리에 꼬리를 무는 질문을 통해 스스로 답을 찾아가도록 한다. 질문하고 생각하는 습관은 성장하는 동안 큰 자산이 된다. 인지적 발달은 물론 신중한 성

품을 갖는 데도 도움이 되기 때문이다.

셋째, 질문은 상상력을 자극해 사고력을 발달시킨다.

영유아기는 뇌 활동이 활발하여 상상력이 폭발하는 시기이다. 상상력은 경험하지 않은 일들이나 보이지 않는 대상들을 마음속으로 그려보는 것이다. 아이의 상상을 구체화시키기 위해 질문놀이를 한다. 질문은 아이의 상상력을 자극하여 생각을 확장시키고 문제 해결을 위해 궁리하게 만든다.

새가 되어 높고 푸른 하늘을 훨훨 날아가는 상상을 한다. 그리고 질문한다.

"새처럼 하늘을 나는 방법은 무엇일까?"

상상에 질문을 더하면 하늘을 나는 방법을 생각하고 궁리하게 된다. 비행기를 만들어낸 라이트 형제는 이와 같은 질문으로 창조적인 결과물을 만들어냈다. 하늘을 나는 꿈을 이루기 위해 수많은 질문을 던졌을 것이다. 그로 인해 인류에게 유익을 주는 혁신적인 창조물을 만들어낸 것이다.

넷째, 질문은 언어 발달을 도와 어휘력이 좋아진다.

반복적으로 질문하고 생각하는 과정은 다양한 어휘력을 자연스럽게 습득하게 된다. 질문놀이는 혼자 하는 것이 아니라 짝을 지어서 하는 것이다. 부모나 교사와 생각과 질문을 나누면서 새로운 단어나 어휘를 사용하는 기술을 배운다. 또한 또래와 짝을 이루어 다양한 언어를 사용하면서 어휘력이 향상된다.

질문놀이를 위해 사용되는 그림책에서도 수많은 어휘를 자연스럽게 만난다. 생각하고 질문하는 놀이를 통해 아이들은 어휘력이 좋아진다. 알고 있는 단어와 어휘가 많아지면 좋은 질문을 하는 선순환이 된다.

알고 있는 단어나 어휘가 많아질수록 이해의 폭이 넓어진다. 이해의 폭이 넓어지면 인지발달은 물론, 또래 관계도 좋아진다. 말로 표현할 수 있는 것이 많아지면 아이들은 정서적으로 안정되고, 사회성도 발전하게 된다.

다섯째, 존중의 언어가 아이들의 자존감을 높여준다.

"네 생각은 어때?"

일방적으로 다그치거나 예, 아니오의 대답을 선택하게 하는 것은 질문이 아니다. 하브루타 질문놀이는 존중의 상호작용이다.

질문에 대한 자기의 생각을 인정받고 격려받을 때 아이는 존중받고 있음을 느낀다. 타인에게 존중 받을 때 자신이 가치 있고 의미 있는 사람이라고 느끼게 된다. 이것이 자존감이다.

자존감이 높은 아이는 타인을 사랑하고 배려할 줄 알며 주변을 돌아보는 여유를 갖게 된다. 실패나 좌절을 하더라도 회복 탄력성이 높다. 이러한 자존감은 무엇이든 할 수 있다는 자신감으로 이어져 새로운 도전을 두려워하지 않는 아이로 자라게 된다.

이처럼 영유아기에 시작하는 질문놀이는 놀라운 힘이 있다. 이런저런 것들이 형성되기 이전이기에 그 효과는 더욱 크다. 정서적으로 안정되고, 인지적으로 빠른 성장을 돕는 질문놀이를 영유아기에 시작해야 하는 이유이다.

1년이 마무리되는 지금 민이는 많이 달라졌다. 주변과 친구에게 관심을 갖게 되었고, 호명에 반응했고, 교사의 말을 듣는 것에 익숙해졌다. 0세 때부터 엄마가 민이에게 언어적 자극을 주고 눈 맞춤을 하며 아이의 행동 하나하나에 관심을 보여줬더라면, 지금쯤 자기의 생각을 쫑알쫑알 말할 수 있었을 것이다.

민이 엄마는 1년 동안 변화된 아이를 보며 감동했다. 그동안 해주지 못했던 상호작용을 질문놀이로 열심히 해야겠다고 말했다.

태어나면서부터, 아니 태교부터 질문놀이를 한다면 아이는 질문에 자연스럽게 노출되어 생각이 자유로워진다.

영유아기의 결정적 시기에 질문놀이는 특히 중요하다. 적절하고 긍정적인 자극이 되어 인지 및 언어, 정서, 사회성이 고루 발달되기 때문이다. 이러한 과정은 습관이 되어 아이의 건강한 성장을 돕게 될 것이다.

아이에게 하브루타는
질문놀이다

하브루타는 '짝을 지어 질문하고 대화하고 토론하고 논쟁하는 것'(전성수)이다. 우리나라에서는 하브루타가 메타인지를 향상하는 훌륭한 교육법으로 알려졌다.

메타인지란 자신이 알고 있는 것과 안다고 착각하는 것을 구별하는 인지능력이다. 메타인지가 뛰어난 사람은 자신이 모르는 것을 바로 인지하고 스스로 필요한 것을 보완한다.

이 때문에 하브루타는 강남 입시 학원에서도 유명세를 치렀다. 전라도 벌교 고등학교에서 공교육에 하브루타를 적용하면서 수도권 대학에 입학하는 학생이 늘어났다는 언론 보도도 있었다. 지금은 어린아이들을 육아하는 부모들에게까지 큰 관심사가 되어 엄마들의 하브루타 실천 모임이 전국 곳곳에 형성되어 있다.

그러나 하브루타의 일반적 수업모형들을 어린아이에게 적용하기가 쉽지 않다. 왜냐하면 유아의 인지발달과 사고능력에 적합한 방법이 아니기 때문이다.

유아에게 놀이는 즐거움을 넘어서 삶 그 자체이다. 유아는 놀이 속에서 세상을 보고 삶의 방식을 배워 간다. 잘 노는 아이가 잘 자란다는 말처럼 아이는 놀이하며 배우고 성장한다. 놀이하는 과정에서 상상하고 발견하며 창의성을 키운다. 생각을 서로 주고받는 과정을 통해 자기 조절력을 키우게 된다.

하브루타는 놀이와 연결될 때 더욱 빛을 발한다.

하브루타와 놀이가 만나 질문놀이가 된다.

질문놀이는 짝을 지어 질문하고 놀이하는 경험을 통해 답을 찾고 새로운 앎을 키워 가는 것이다. 즐겁게 놀고, 놀면서 배우고. 이 얼마나 이상적인 배움의 과정인가? 이를 위해 다양한 주제와 소재들로 시작되는 질문놀이가 필요하다.

그림책은 질문놀이의 훌륭한 소재가 된다.

그림책의 그림을 관찰하다 보면 질문이 떠오른다. 등장인물의 입장이 되어 생각하다 보면 또 질문이 생긴다. 질문이 떠오르면 답을 찾게 되고 답을 찾으려고 생각하는 동안 아이들은 자연스럽게 상상력이 발동한다. 또한 주인공의 입장과 마음을 헤아리다 보면 자신들의 경험이 떠오르면서 공감하는 경험도 하게 된다.

그림책을 보며 떠오르는 질문에 답을 찾기 위해, 아이들은 궁금한 것을 찾아보거나 직접 해본다. 궁금한 것을 해결하고 싶은 자발적인 탐구와 탐색은 아이들의 놀이가 된다. 그렇게 시작된 놀이는 함께하는 친구들과 방법을 확장하고 변형해 가며 몰입하는 흐름을 탄다.

초여름의 어느 날, 건물 주변에 피어난 들꽃들에 관심을 보이는 아이에게 〈오소리네 집 꽃밭〉이라는 그림책을 소개해 주었다.

오소리네 집 꽃밭
권정생 지음/ 길벗어린이

오소리 아줌마는 갑자기 불어온 회오리바람에 날려가 시장에 떨어집니다. 시장 구경을 하고 집으로 돌아가는 길에 학교 운동장의 아름다운 꽃밭을 보게 됩니다. 오소리 아줌마는 자기 집에도 예쁜 꽃밭을 만들겠다고 다짐하며 집으로 돌아옵니다. 오소리 아저씨와 아줌마는 꽃밭을 꾸미려다 보니 이미 집 앞이 꽃 천지였다는 것을 알게 됩니다. 그제야 오소리 아줌마와 아저씨는 주위를 둘러보며 웃습니다.

선생님: 오소리 아줌마가 회오리바람에 날아갈 때 어떤 기분이었을까?

아이들: 꺾이는 기분이에요.

선생님: 왜 그렇게 생각했나요?

아이들: 계속 모양이 달라지니까요.

아이들: 돌아가는 기분일 것 같아요.

아이들: 뱅글뱅글 돌아서 어지럽겠어요.

아이들: 엉덩이가 아플 것 같아요.

아이들: 무서워요.

아이들: 회오리바람에 날아갈 것 같아요.

아이들: 비가 오는 소리가 들려요.

아이들: 회오리바람이 불면 어떻게 해야 해요? 날아가면 어떡해요?

회오리바람으로 시작된 질문은 스토리 흐름에 따라 꽃밭에 대한 질문으로 바뀌었다. 그리고 자연스럽게 꽃을 찾는 놀이로 이어졌고, 또 다른 놀이를 스스로 확장해 갔다.

아이들: 꽃 꺾으면 안 돼

아이들: 이 꽃 예쁜데…….

아이들: 꽃을 꺾으면 꽃이 시들어서 이제 꽃을 못 봐.

선생님: 그러면 오랫동안 꽃을 보고 싶으면 어떻게 할까요?

아이들: 우리가 만든 꽃을 땅에 심어요.

아이들: 비가 오면 우리가 만든 꽃은 망가지잖아.

아이들: 사진을 찍어요.

교사가 툭 던진 질문에 아이들은 꽃을 카메라로 찍는 놀이를 찾아낸다. 아이들은 자기가 좋아하는 꽃과 풍경을 직접 찍으며 놀이를 한다. 사진을 찍느라 시간 가는 줄 모르는 아이들의 얼굴에는 미소가 한가득이다.

> 아이들: 선생님, 이 사진 우리 동생도 보여주고 싶어요.
> 선생님: 어떻게 보여주면 좋을까?
> 아이들: 동생을 우리 반에 초대해요.
> 아이들: 동생들이 우리 반에 다 들어오면 너무 좁잖아.
> 아이들: 그러면 사진을 바깥에 붙이면 되지.

꽃 사진을 전시하기 위해 아이들은 전시회의 이름을 정하고, 그림과 사진 액자를 직접 벽에 붙인다. 동생 반에 줄 초대장을 만들고 전시회에 찾아온 동생들을 위해 불러줄 노래도 신이 나서 연습한다. 전시회와 공연으로 그림책 〈오소리네 집 꽃밭〉의 질문놀이는 3주에 걸쳐 이어졌다.

이처럼 아이들의 하브루타는 끝내 놀이로 완성된다. 놀이는 반짝반짝 빛나는 아이디어로 창의성을 꿈틀거리게 한다. 또한 친구의 의견을 듣고 공감하면서 협업 능력과 의사소통 능력도 향상시킨다.

〈오소리네 집 꽃밭〉을 활용한 그림책 질문놀이는 꽃을 자세히 관찰하고 꽃 액자를 만들면서 완성했다. 직접 준비한 전시회와 공연이 마무리되면서 아이들의 만족감은 자신감이 되었다.

영유아에게 하브루타를 쉽게 접근하는 방법은 '놀이처럼'이다. 놀이의 효과를 극대화하는 것이 '하브루타 질문놀이'이다. '하브루타'와 '놀이'는 사다리의 양 축처럼 상호보완하며 완성된다.

아이들은 놀이에 흠뻑 빠져있지만 질문이 더해진 질문놀이는 어느새 아이들을 성장시킨다. 질문을 통해 스스로 놀이를 찾아가는 과정에서 아이들은 즐거움을 느낀다. 재미와 배움이 어우러진 최고의 교육이 바로 하브루타 질문놀이인 것이다. 세상 모든 아이들이 하브루타 질문 놀이터에서 온전함으로 성장하길 기대해 본다.

하브루타 하기 전에
공감과 경청이 먼저

　　타지에서 이사 온 여섯 살 예은이는 어린이집 등원하기를
싫어했다. 친한 친구도 없는 낯선 환경이 예은이에게는 힘들었
으리라. 울고 들어오는 예은이를 불러 상담실 탁자에 마주 앉
았다. 예은이가 울먹이며 바라보았다.

　　"우리 예은이가 왜 이렇게 슬퍼 보일까? 예은이가 어린이집
에 들어오기 싫었구나?"

　　(고개를 끄덕인다)

　　"어린이집이 싫은거야?"

　　(고개를 젓는다)

　　"어린이집이 싫은 건 아닌데 친구도 없고 모르는 선생님만

있어서 슬펐나 보다."

(고개를 끄덕인다)

"내가 예은이였어도 어린이집 오는 게 좋지 않았을 것 같다."

어느새 울음을 그치고 예은이가 고개를 들어 나를 빤히 바라보고 있었다.

"그런데도 이렇게 어린이집에 온 예은이 용기가 참 대단하다. 어차피 어린이집에 왔으니 교실에서 선생님과 친구들을 한번 만나보면 어떨까? 친구들과 놀다 보면 엄마가 금방 오실 것 같은데?"

예은이를 안아주며 토닥거린 후 같이 교실에 들어갔다. 수줍음 많은 예은이는 그날 이후 몇 번의 마음 읽어주기 끝에 울지 않고 등원할 수 있었다. 불편한 마음을 그대로 인정하고 공감해주니 아이의 얼굴은 훨씬 편해졌다. 마음이 편해지자 새로운 세상을 향해 마음의 문을 활짝 열게 되었다.

아이 하브루타를 시작하는 부모나 교사는 어떤 마음가짐이 있어야 할까?

아이 하브루타는 의도적인 학습이 아니다. 아이 하브루타는 질문과 대화를 통해 아이에게 다양한 선택의 문을 열어 주는 것이다. 때문에, 아이 하브루타는 아이의 감정을 소중히 생각하고 마음을 읽어주는 공감에서부터 시작한다.

공감은 아이가 느끼는 감정을 어른의 눈으로 내려 보는 것이 아니다. 아이의 시선으로 느끼고 지지하는 것이다.

공감은 생각보다 어렵지 않다. 아이의 마음을 알기 위해 관찰하고 질문하고 읽어주고 표현해주면 된다. 아이를 있는 그대로 인정하고 존중한다면, 생각이나 감정을 표현할 때 다음과 같이 반응해보자.

"아하 그렇구나."

"~라고, 그렇게 생각할 수도 있겠다."

"~라고 생각하다니, 정말 좋은 생각이다."

"네 마음이 지금 그렇구나."

"~라고, 느끼는구나!"

이러한 표현으로 아이는 자신의 말과 감정을 인정받았다고 느낀다. 인정받는다는 것은 다른 사람이 나를 존중하고 있다는 느낌을 불러온다. 인정과 존중의 과정을 통해 기분이 좋아진다.

인정과 존중의 경험은 아이의 자존감을 높여준다. 자존감이 높아지면 아이는 매사에 자신감을 갖는다. 아이의 자신감은 자기의 생각을 자유롭고 다양하게 표현하는 힘이 된다.

다섯 살 민이는 아침 등원할 때마다 떼를 쓰며 엄마를 힘들게 한다. 출근 시간이 늦을세라 서둘러 인사하고 민이와 헤어지는 엄마는 이미 지쳐있다. 심통 난 민이와 이야기를 해보았다.

"민이가 많이 속상했구나?"

"네."

"왜 속상했는지 말해 줄 수 있어?"

"내가 엄마한테 공룡 가져가고 싶다고 얘기했는데. 엄마가 내 말을 안 들어요."

"아. 공룡을 가지고 가고 싶었구나!"

"엄마는 내 말을 자꾸자꾸 안 들어요. 내가 말해도 안 들어요."

아이의 격해진 말투에서 엄마를 향한 원망이 느껴졌다.

엄마가 민이의 말을 들을 수 없는 이유와 공룡을 가져갈 수 없는 이유가 있었을 것이다. 그러나 그런 내용은 전달되지 않았다. 민이는 그저 엄마가 서운했고 원망스러웠다.

민이 엄마가 퇴근길에 아이를 데리러 왔다.

"민이 어머니, 출근길에 민이까지 챙겨야 하니 분주하시죠? 둘 다 해내는 어머니가 존경스러워요. 그런데 민이가 아침마다 울면서 원에 들어오네요. 어떻게 생각하세요?"

민이 엄마와 한참을 하브루타로 대화한 후, 민이의 서운한 마음을 전달했다.

"바쁘더라도 눈을 맞추고 잠깐 아이 말을 들어 주세요. 민이가 엄마한테 많이 서운해하고 있어요."

"출근 준비에 밥도 차려야 하고 집안일을 대충이라도 해야 하는데 민이가 자꾸 말을 거니까, 일일이 다 답해주고 눈을 맞추기가 힘들어요."

많은 부모가 바쁘다는 이유로 아이의 말을 귀로만 듣고 건성으로 대답한다. 눈 맞춤이 없다. 민이 어머니도 그랬다. 맞벌이로 시간에 쫓기는 상황을 이해하지 못하는 것은 아니다. 그러나 아이와 눈을 맞추고 아이의 말을 들어주는 경청은 하브루타 질문놀이의 첫걸음이다.

아이와 질문놀이를 하기 위해서는 공감의 마음가짐과 함께 경청의 태도가 있어야 한다. 聽(경청할 청)의 한자를 자세히 살펴보면 귀 이(耳)와 눈 목(目)과 마음심(心)이 조합되어 있다. 남의 말을 들을 때는 귀로 듣고 눈을 마주치고 마음을 다해 들으라는 뜻의 한자이다.

아이가 말을 건다면 아무리 바쁘더라도 하던 일을 잠시 멈추고 아이의 눈을 바라보며 들어 주어야 한다. 아이가 말할 때 눈을 맞추고 마음을 다해 들어주면 아이는 존중받는다고 느낀다. 아이 말을 도저히 들을 수 없는 상황이라면 설명하고 다시 대화할 시간을 알려주는 것도 좋은 방법이다.

하브루타는 아이의 생각을 여는 것이다.

아이의 생각을 연다는 것은 자기의 생각과 질문을 아무런 규제 없이 말로 표현하는 것과 같다. 그러므로 아이가 창의적으로 생각을 열게 하려면 먼저 마음의 문을 열어야 한다.

아이의 이야기에 귀 기울이고 를 잘 들어주는 것이 먼저이다. 아이는 자기의 말을 잘 들어줄 때 자기의 생각을 잘 말할 수 있게 된다. 바로 경청이 하브루타의 기본 태도인 이유이다.

아이의 마음을 여는
존중의 하브루타

"엄마, 나는 아기 낳으면 꼭 우리 어린이집에 보낼 거야."

단이의 느닷없는 말을 듣고 단이 엄마가 웃긴다며 전해 준 말이다.

"가만 있어 보자, 우리 단이가 결혼해서 아기를 보낼 때까지면 얼마나 걸릴까?"

손가락을 꼽는 나를 보며 선생님들이 박장대소한다.

어린이집 선생님을 좋아하는 단이는 이란성 쌍둥이고 형과 남동생이 있다. 4남매의 중간인 단이가 4살에 어린이집에 처음 왔다. 한 번 떼를 쓰면 안하무인이던 아이에게 그러면 안 되는 이유를 천천히 설명했지만 통할 리 없었다. 심지어 교사에게 반말로 악다구니를 쏟아내기까지 했다. 친구들의 놀이를 방해하고 일과를 진행할 수 없게 하기도 했다. 담임선생님은 단이가 화를 내고 씩씩거릴 때마다 이렇게 말했다.

"지금은 바깥 놀이 갈 시간이야. 그런데 네가 계속 고집부리면 친구들 모두 나갈 수가 없어. 왜 그러는지 말로 얘기해."

단이는 담임 말에 아랑곳하지 않고 눈에 힘주고 화를 내기 시작했다.

"네가 화내고 고집부리면 대화를 할 수가 없으니까 기다릴게. 다시 얘기하자."

시간이 지나도 화를 가라앉히지 못하고 씩씩거리는 단이를 볼 때마다 걱정이 앞서 엄마와 상담을 하게 되었다. 엄마는 훈육이 필요한 순간마다 큰소리로 엄하게 했다고 한다. 고만고만한 아이들을 여럿 키우다 보니 분주함에 상황을 빨리 끝내고 싶어서 그랬을 것이다.

엄마나 담임은 단이에게 화내는 이유를 말하면 들어주겠다고 했다. 그러나 이미 마음에 화와 분노가 가득한 상태에서 대화하자는 요구는 무리였다.

이렇게 단이의 문제행동을 해결하지 못한 채 해가 바뀌었다. 그런데 놀라운 일이 벌어졌다. 단이의 문제행동이 깨끗이 사라진 것이다. 오히려 늘 싱글벙글 예쁘게 웃으며 원장 선생님은 물론 다른 선생님들 안부를 묻고 다녔고, 담임선생님을 도와주는 일에 앞장서기도 했다. 땀을 뻘뻘 흘리며 악을 쓰고 온갖 나쁜 말을 쏟아내던 단이가 이제는 아기를 낳아서 꼭 우리 어린이집에 보낼 거라고 말한다. 그 정도로 마음이 편해진 모양이다.

단이를 변화시킨 것은 무엇이었을까?

변화된 단이를 바라보면서 '해님과 바람' 이야기가 떠올랐다. 나그네의 외투를 벗긴 것은 춥고 거센 바람이 아니라 햇살이었다. 문제행동을 지도할 때는 아이를 존중하는 마음이 전제되어야 한다. 단이는 자기의 생각과 감정이 무시당하고 있는 것을 화와 분노로 표현했던 것이다.

이런 단이를 변화시킨 것은 아이를 그대로 수용하고 존중한 담임선생님이었다. 선생님은 단이가 화가 났을 때마다 "우리 단이 얼굴을 보니 화가 났구나", "무슨 일이 이렇게까지 화가 나게 했을까? 분명히 이유가 있었을 거야"라며 마음을 읽어주고 공감해주었다. "이제부터 바깥 놀이를 하려고 하는데 단이는 어떻게 생각해?", "단이는 뭘 하고 놀고 싶어?"라며 질문으로 의견을 물었다.

선생님의 일관적인 태도는 단이로 하여금 존중받고 있다고 느꼈을 것이다. 존중받는다고 느끼는 아이는 자신을 소중한 사람이라고 생각하게 된다. 단이는 더이상 놀이 방해꾼이 아니다. 친구들과 놀이하고, 놀이를 주도하는 아이가 되었다.

하브루타 질문놀이를 준비하는 어른들이 꼭 갖춰야 할 덕목이 있다. 아이를 존재로 인정하고 존중하는 것이다.

영유아 시기는 어려서 아무것도 모른다고 생각하면 안 된다. 감정도 없고 생각도 없고, 판단할 능력도 없으니 부모가 혹은 교사가 모든 것을 정해주고 가르쳐줘야 한다고 생각하면 큰 오산이다. 말을 할 줄 모르는 영아에게도 존중의 언어를 사용해야 한다.

"축축하니까 기저귀를 갈아볼까?"

"오늘은 엄마랑 뭘 하고 놀까?"

"콩이 먹기 싫구나. 그럼 뭘 줄까?"

존중의 언어로 물어줄 때 아이도 존중의 언어로 말한다. 단이가 바로 그런 경우이다.

일방적이고 억압적인 어른에게 분노하고 화를 냈던 단이는 담임선생님의 존중의 언어 때문에 밝고 긍정적인 아이로 변했다. 선생님의 존중의 태도 때문에 아이는 마음의 문을 열고 그 마음을 볼 수 있도록 허락했다. 아이가 마음의 문을 여니 더이상 부모나 교사가 걱정했던 문제행동은 일어나지 않았다.

하브루타 질문놀이는 사랑과 존중의 마음으로 경청하고 공감할 때 빛을 발한다. 하브루타 질문놀이는 의도된 목적으로 이끄는 것이 아니라 영유아의 표현을 있는 그대로 인정하고 존중하는 것으로부터 시작되기 때문이다.

존중은 태도에서 시작되지만 언어로 표현될 때 아이에게 전달된다. 존중의 질문은 존중을 구체적으로 실천하는 액션이다. 무심코 아이에게 던지는 지시적이고 일방적인 언어들을 질문의 대화로 바꾸는 것이 존중의 질문 대화이다.

존중의 질문을 받을 때 아이는 스스로 생각하고 판단하고 결정할 기회를 얻게 된다. 존중의 질문은 아이의 자존감을 높이고 사랑받는다는 안정감을 준다. 부모가 경청하고 존중의 질문으로 되돌려 줄 때 아이는 자신감이 넘치는 아이가 된다. 무엇이든 상상하고 표현할 수 있는 뇌가 움직이게 된다.

일상의 지시적 언어를 존중의 질문으로 바꾸는 데는 많은 연습이 필요하다. 생각보다 많은 엄마들이 지시적 언어를 존중의 질문으로 바꾸는 것을 어려워했다. 이미 일상에서 습관이 되어버렸기 때문이다. 지시적 언어는 쉽고 일상적이며 자동반사적으로 입에서 흘러나온다.

"위험해, 소파에서 뛰지 마."

"손을 깨끗이 씻어."

"밥 먹을 때는 가만히 앉아서 먹어."

얼마나 쉬운가. 그냥 보이는 대로, 고쳐야 할 것들을 지적하기만 하면 된다.

그러나 이런 언어들이 어떤 긍정적인 영향을 주는지를 생각해 보라.

아이의 행동을 바꿀 수 있는가?

아이가 엄마 말을 잘 듣게 되는가?

아이가 존중받고 있다고 느끼게 하는가?

아니면 아이가 엄마의 사랑을 느끼게 되는가?

그 어느 것도 긍정적인 영향을 기대할 수 없다. 오히려 엄마의 부정적인 명령과 지시적 언어로 아이는 자존감이 떨어지고, 엄마와 거리감이 생기게 된다.

반면 존중의 질문은 어렵다. 습관이 되기까지 열심히 연습

해야 한다. 올라오는 감정을 누르고 한 번 더 생각한 후에 말해야 한다. 그러나 긍정적인 영향력은 막대하다. 아이는 엄마에게 존중받는다고 느껴서 엄마의 말을 잘 따르게 된다. 자존감과 자신감도 올라간다. 기분이 좋아서 엄마와 좋은 관계를 갖게 된다.

이렇게 많은 긍정 요소가 있는데 어렵다고 포기할 것인가? 꾸준한 연습을 해서라도 일상의 지시적 언어를 존중의 질문으로 바꿔가야 할 것이다.

일상의 지시적 언어	존중의 질문
식당이잖아. 조용히 해!	다른 사람들이 식사하고 있는 곳에서는 어떤 놀이를 하면 좋을까?
너 왜 동생 때렸어? 대답 안 해?	무슨 일이 화나게 한 건지 알고 싶어. 동생을 때린 이유를 말해 줄래?
하지마! 엄마가 몇 번 말했어!	엄마가 그렇게(구체적 지목) 하지 말라고 말하는 이유가 뭘까?
이제 밥 먹을 거야, 정리 좀 해!	이제 밥 먹을 건데 놀이하던 것을 어떻게 하면 좋을까?
너희 또 책 하나 가지고 싸워?	책을 사이좋게 보려면 어떤 방법이 있을까?
엄마가 TV 그만 보라고 했지?	TV는 언제까지 보기로 했었지? 이제 무엇을 해볼까?
한 손으로 마시더니, 내가 너 그럴 줄 알았다!	어쩌다 우유가 쏟아졌니? 그럼 어떻게 하면 좋을까?
엄마 설거지하게 동생하고 놀아줘!	엄마 설거지해야 하는데 동생과 같이할 좋은 놀이 뭐가 있을까?
아이스크림 그만 먹어!	아이스크림을 많이 먹으면 어떻게 될까? 얼만큼이 적당할까?
밖에 놀다 들어왔으면 씻어야지! 빨리 씻어!	밖에서 놀다오면 왜 손을 씻어야 할까?
그냥 이거 입어!	넌 어떤 옷을 입고 싶니?
핸드폰 내놔, 빨리자.	밤에 핸드폰만 보면 어떤 일이 생길까? 그럼 어떻게 하면 좋겠니?

질문놀이 시작은
짝꿍 데이트로부터

하브루타를 처음 알게 된 어른들은 대부분 당장 집으로 돌아가 아이에게 적용하고 싶어 한다. 하브루타 질문놀이는 하루도 지체할 수 없을 만큼 매력적이기 때문이다.

그러나 하브루타를 교육 방법으로 접근하면 어른은 물론 아이도 곧 흥미를 잃게 된다. 짧은 시간에 교육적 효과를 기대한다면 진짜 하브루타는 시작도 못한 채 관계만 망치게 될 것이다.

이유가 무엇인가? 하브루타를 바라보는 시각, 접근하는 태도에서부터 한계를 지니고 있기 때문이다.

우리나라에 맞는 하브루타는 교육 프로그램을 넘어 가정과 교육 현장에 문화가 되어야 한다.

교육 프로그램 즉 학습의 목적은 주어진 과제에 대한 학습 성취이다. 그러나 문화는 다양한 분야를 경험으로 습득, 축적, 형성된 관념으로 우리 삶의 곳곳에 스며드는 것이다.

학습은 의도와 목적을 가지고 가르치는 방법으로 단기적 효과가 있다. 그러나 문화는 우리 삶 전체에 걸쳐 뿌리 깊게 자리 잡는 가치와 태도이기 때문에 천천히 스며들 시간이 필요하다. 문화는 수직적인 학습이 아니라 수평적인 흐름이다. 학습은 평가를 통해 다음 단계로 나아가지만 문화는 인정하고 존중하는 태도에 기인한다. 학습은 일방적이고 지시적인 반면 문화는 관계 속에서 공감하며 이루어진다.

문화의 특징인 수평적 흐름, 인정과 존중, 관계 속의 공감이 바로 하브루타의 정신이다.

하브루타가 문화가 되어야 하는 이유는 하브루타의 본질에 있다. 하브루타는 유대인의 삶과 밀접하게 연관된 문화이기 때문이다. 유대인들은 아주 어릴 때부터 질문하는 것이 습관화되어 있다. 대화하고 질문하고 토론하는 하브루타는 유대인의 일상이다. 하브루타를 문화로 받아들이는 방법은 의식적으로 학습하는 것이 아니라 자연스럽게 스며들도록 해야 한다. 하브루타가 아이의 전체적인 삶에 자리 잡을 수 있도록 생활 속에서 다양한 실천과 시도가 필요하다. 그러기 위해서 어른(교사와 부모)이 먼저 하브루타를 실천해야 하는 것은 당연한 순서다.

하브루타가 문화로 우리 삶 속에 스며들기 위해, 처음 시작하는 어른들에게 추천하는 방법은 '하브루타 짝꿍 데이트'이다. 하브루타를 기술이 아닌 문화로 받아들이기 위해서 고안한 방법이다.

익숙한 장소를 벗어나 짝꿍끼리 그림책의 내용으로 질문하고 대화한다. 여기서 짝은 가족, 동료, 친구, 자녀 등 누구라도 괜찮다. 생각을 나누고 좋은 관계를 맺고 싶은 사이라면 누구라도 좋다. 처음 시작하는 하브루타의 연습 방법이다. 하브루타를 알려주고 싶은 대상이 있다면 먼저 자신이 하브루타를 해보는 훈련의 시간으로 좋은 방법이다.

하브루타 원 경영을 준비하며 반복적인 일상을 보내는 선생님들끼리 '하브루타 짝꿍 데이트'를 제안했다.

짝이 된 선생님들은 선정한 그림책 한 권을 가지고 '하브루타 짝꿍 데이트' 시간을 가졌다. 그림책을 같이 읽고, 그림책의 내용이나 그림을 보며 떠오르는 질문을 공유한다. 질문에 답을 찾기 위한 대화를 나눈다. 따뜻한 차 한잔과 나누는 대화는 서로의 마음을 여는 좋은 기회가 된다.

'하브루타 짝꿍 데이트'를 경험한 교사들은 하브루타가 어렵다는 선입견이 사라졌다. 아울러 하브루타를 아이들과도 시작할 때도 마음이 열리면 깊은 생각을 나눌 수 있다는 것도 알게 되었다.

짝꿍 데이트를 마친 선생님들은 이렇게 말했다.

"하브루타를 또 하나의 교육 프로그램으로 생각했기 때문에 사실 부담이 되었어요. 그런데 원을 벗어나 다른 공간에서 짝꿍 선생님과 그림책으로 하브루타를 하면서 많은 이야기를 주고 받게 되었어요. 하브루타가 단순히 교육 프로그램이 아니란 것이 놀라워요."

"선생님과 이야기만 했다면 그저 원에 있는 아이들 이야기, 어제 본 드라마 이야기가 고작이었겠죠. 그림책으로 서로 질문하며 이야기를 나누다 보니 나와 다르게 생각하는 선생님과의 대화가 즐거웠어요."

"그림책 하나로 이렇게 다양하게 생각할 수 있구나, 하는 것을 알게 되었죠. 우리 반 아이들과 해보고 싶은 생각이 들었어요. 아이들은 어떻게 생각하고 질문할지 교실에서 하브루타 할 상상만해도 설레일 정도예요."

선생님들이 경험한 하브루타의 즐거움은 고스란히 교실에 적용하겠다는 강력한 동기 부여가 되었다.

짝꿍 데이트로 교사가 즐거움과 서로를 알아가는 시간을 가졌다면, 이제 아이를 상대로 즐거움을 나누는 방법을 찾을 수 있다.

하브루타가 익숙해지면 몇 명의 교사끼리 하브루타 학습공동체를 만들어 지속할 수 있다.

짝꿍 데이트 할 때는 교사만을 위한 그림책을 선정했다면, 학습공동체에서는 아이들과 질문놀이 할 그림책을 선정한다. 아이 시선에서 질문을 만들고 질문과 연관된 놀이를 계획한다. 이러한 과정은 교실 환경 구성과 놀이 자료 준비에 도움이 된다. 또한, 아이가 질문을 찾지 못할 때 도움을 줄 수 있다.

이처럼 사전에 아이들과의 질문놀이를 위해 연구하고 준비하는 것은 좋지만 주의할 점이 있다. 교실에서 아이들의 질문과 놀이가 교사의 예상과 다른 방향으로 진행되더라도 전적으로 수용하고 지원해야 한다는 것이다.

　가정에서도 역시 부모 혹은 주 양육자끼리 하브루타를 먼저 경험해 보면 좋다. 아빠 엄마는 하브루타를 위한 부부만의 짝꿍 데이트를 한다. 직장과 육아로 부부가 둘만의 시간을 갖기란 쉽지 않다. 안 하던 짝꿍 데이트를 하려면 어색하고 민망하여 선뜻 실천에 옮기기 어려울 수도 있다. 그러나 부모의 이런 수고는 사랑과 존중의 하브루타 문화를 만드는 첫걸음이 된다. 부모의 결단이 아이에게 본이 되고, 부부 사이까지 긍정적으로 변화될 것이다.

　부모가 하브루타에 익숙해졌다면 가정 하브루타를 시작한다. 하브루타 짝꿍 데이트 대상이 주 양육자끼리였다면 가정하브루타는 온 가족이 대상이 된다. 꾸준히 시도하는 하브루타시간은 우리 가족의 연대 및 가치 공유와 더불어 세대공감으로이어져 가족 문화를 만들어 갈 것이다.

　하브루타를 하려면 대화하고 질문할 수 있는 텍스트가 필요하다. 하브루타를 처음 시작한다면 접근하기 쉬운 그림책이 좋다. 그림책은 아이는 물론 어른도 부담 없이 읽을 수 있다. 그림책의 글과 그림은 많은 대화와 질문의 소재가 된다.

☆ 짝꿍 그림책 하브루타 예시

① 둘이 마주 앉아 그림책을 읽은 후 느낌을 나눈다.
② 그림책을 읽으면서 떠오르는 질문을 3개 이상 공유한다.
③ 짝꿍과 내가 만든 질문을 하나씩 읽어가며 서로의 생각을 듣는다.
④ 질문으로 서로의 생각을 나눈 것 중 실천할 수 있는 부분을 찾아 적용한다.

질문은 이렇게 하세요

남태평양 솔로몬 군도의 한 마을에는 너무 커서 도끼질이 안 되는 큰 나무를 베는 방법이 따로 있다. 새벽에 특별한 능력을 가진 남자들이 나무에 대고 소리를 지른다. 소리를 질러 나무의 영혼을 죽이는 방법이다.

우리는 자동차나 사물이 작동하지 않을 때 소리를 지른다. 그래도 망가지지는 않는다. 하지만 살아있는 생물, 영혼이 있다면 그것은 죽이는 일이다. 바로 가족이나 아이를 향해서 말이다. 존중의 언어 존중의 질문이 필요한 이유이다.

질문은 아이가 스스로 새로운 생각을 하게 하고 판단하고 선택하게 한다.

질문으로 아이는 자기의 생각, 감정 등을 말로 표현하는 기회를 얻게 된다.

질문은 자기의 생각을 말해야하기 때문에 귀 기울여 잘 듣게 된다.

질문에 익숙한 아이는 세상을 살아가는 삶의 지혜와 자신감을 갖게 될 것이다.

그러나 아직도 질문이 낯선 부모는 아이에게 올바르게 질문한다는 것이 마냥 쉽지만은 않다. 질문에 익숙하지 않은 문화에서 자랐으니 당연한 일이다. 그렇다고 우리 아이에게까지 질문 못 하는 답답함을 대물림할 수는 없는 노릇이다.

어떻게 하면 아이에게 질문을 쉽게 할 수 있을까? 그 방법을 소개해 보겠다.

네 생각은 어때?

유대인의 문화는 하브루타이다. 뱃속에 있는 아이에게 하브루타로 태교할 정도이다. 아이가 자라면서 부모와 교사에게 가장 많이 듣는 말이 바로 '마따호쉐프?'라고 한다.

마따호쉐프는 '네 생각은 어때?', '너의 생각은 무엇이니?'라는 뜻의 히브리어이다.

유대인 부모들은 아이가 부모에게 질문했을 때 바로 답을 알려주거나 가르치려 하지 않고 아이에게 너의 생각은 어떤지 되묻는다. 아이는 너의 생각이 어떤지 물어보는 질문에 자동적으로 머릿속에 맴도는 생각들이 정리가 된다. 그리고 서툴지만 자기의 생각을 또박또박 말 할 수 있게 된다.

"네 생각은 어때?", "너의 생각은 무엇이니?"라는 질문에는 아이의 생각을 존중한다는 부모의 너그러움이 담겨있다. 아이가 어떠한 대답을 하더라도 기꺼이 들을 준비가 되어 있음을 암시한다. 그렇기 때문에 아이가 엉뚱한 대답을 하더라도 충분히 수용하고 인정해주어야 한다. 한 가지 사건을 바라보는 사람들의 생각이 다 다른 것처럼 아이의 생각이 부모의 생각과 충분히 다를 수 있기 때문이다.

아하, 그렇구나

"네 생각은 어때?"라는 질문에 아이가 자기의 생각을 말했다면 부모는 기꺼이 아이에게 감사의 표현을 해야 한다. 아이가 용기 내어 자기의 생각을 말했으니 얼마나 감사한 일인가.

자기의 생각을 말하는 것이 부끄러운 일이 아님을 아이에게 알려주기 위해 부모는 아이의 말에 "아하, 그렇구나"라고 피드백 한다.

"아하, 그렇구나"는 아이가 자기의 생각을 말한 것에 대한 부모의 격려이며, 아이의 생각을 인정한다는 표현이다. 아이가 어떤 말을 하더라도 모두 수용할 마음의 준비가 되어있어야 한다. '아하, 그렇구나'는 아이의 생각을 인정하고 공감한다는 안전장치가 된다. 어떠한 대답을 하더라도 괜찮다는 안전장치를 확인한 아이들은 마음껏 자기의 생각을 표현할 수 있다.

왜 그렇게 생각해?

단답형으로 묻는 질문은 재미없다. 단답형으로 끝나는 대답은 아이의 생각을 확장시킬 수 없기 때문이다. 마치 탁구대에서 핑퐁거리는 탁구공처럼 질문이 꼬리를 물며 오고가야 한다. 계속 이어지는 질문으로 생각도 꼬리에 꼬리를 물며 점점 커지게 된다.

"네 생각은 어때?"라고 되물어서 아이의 생각을 들었다면 왜 그렇게 생각하는지 다시 물어보자. "왜 그렇게 생각해?"라는 질문은 아이의 생각에 대한 근거와 이유를 묻는 것이다.

아이는 자기의 생각에 대한 이유를 말해야 하므로 다시 생각해야 한다. 이러한 생각의 반복은 논리적으로 토론하고 논쟁할 수 있는 기초가 된다.

"왜 그렇게 생각해?"라는 질문에는 "왜냐하면 ~~하기 때문이야"로 문장을 완성하여 대답할 수 있도록 한다. 아이가 "왜냐하면"이라고 말하는 순간 아이의 뇌는 왜 그렇게 말했는지 이유를 찾기 위해 바쁘게 움직일 것이다.

설령 아이가 대답을 못하더라도 이유를 캐내는 듯 채근하지 않고 기다려 준다. 아이가 질문을 듣고 자연스럽게 생각하고 말할 수 있는 분위기를 만들어 주어, 질문을 주고받는 시간이 아이에게 즐거운 경험이 되어야 한다.

☆ 질문 패턴

Q: 네 생각은 어때?/ 너의 생각은 무엇이니?

A: 나는 ~~라고 생각해.

Q: 아하, 그렇구나! 왜 그렇게 생각해?

A: 왜냐하면, ~~ 하기 때문이야.

Q: 아하, 그렇구나!

'네 생각은 어때?', '왜 그렇게 생각해?'는 아이의 생각을 여는 질문이다. 아이가 생각을 해야만 대답할 수 있는 질문이기 때문이다. 사고력과 창의력을 키우기 위해서는 생각을 여는 질문을 해야하는 것은 두 말할 필요도 없다.

생각을 여는 질문은 의외로 쉽다. 육하원칙을 활용하여 질문을 만들 수 있다.

이미 우리가 잘 알고 있는 것처럼 육하원칙은 '언제, 어디서, 누가, 무엇을, 어떻게, 왜'이다. 육하원칙의 질문 그 자체는 닫힌 질문이 될 수 있다. 언제, 어디서, 누가, 무엇을,에 대한 정답을 말하는 데서 멈추면 말이다. 그러나 그 뒤에 왜 그렇게 생각해?라고 질문함으로 아이의 생각을 확장시킨다. 아이는 대답의 이유, 즉 자신의 생각을 궁리하며 펼치게 될 것이다. 이것이 생각을 여는 질문이다.

오늘 하루 중 언제가 가장 즐거웠었니?

왜 그렇게 생각해?

호랑이는 어디서 살고 있을까?

왜 그렇게 생각해?'

네가 가장 사랑하는 사람은 누구야?

왜 그렇게 생각해?

생일에 받고 싶은 선물은 무엇이니?

왜 그렇게 생각해?

경기에서 진 토끼는 어떻게 됐을까?

왜 그렇게 생각해?'

처음부터 질문을 잘하기는 어렵다. 질문을 잘하기 위해서는
꾸준한 연습이 필요하다.

질문과 친해지는 5가지 놀이와 영유아 그림책 질문 모형도 소개해요

2장

질문과 친해지는 놀이

질문과 친해지는
5가지 놀이

몇 년 전 영유아 하브루타 질문놀이를 선생님들에게 처음 소개했다. 생각보다 영유아 하브루타는 교실에서 정착하기가 어려웠다. 선생님들은 한결같이 교실에서 불가능하다는 반응이었다.

"하브루타가 아이들에게 좋은 건 알겠어요. 그런데 교실에서 적용하려니 너무 힘들어요."

안타까운 마음에 그 이유를 물어보았다.

"교실 속 아이들 인원이 너무 많아요. 혼자서 시도할 엄두가 안 나요."

"아이들이 질문하고 답하고를 잘하지 못해서요."

선생님들의 공통된 답변이었다.

"교사 대 아동 비율은 우리의 힘으로 해결할 수 없습니다. 아이들 인원이 적어지면 더 좋지만, 바꿀 수 없다면 그 환경에서 최선을 다하는 수밖에 없습니다."

나는 선생님들을 다독이며 격려했다.

그때 우리는 하브루타가 영유아들에게 어려운 것인지 아니면 교사나 부모가 힘들어하는 것인지를 고민해 보았다.

아이들은 생각 주머니가 스펀지 같아서 긍정적인 것이나 부정적인 것 모두 흡수가 빠르다. 문제는 어른이었다. 질문으로 시작하는 활동들이 낯설고 익숙하지 않은 어른들이 영유아의 하브루타를 어렵게 생각하고 있었던 것이다. 이 시대 어른들은 질문 육아로 길러지지 못했고 질문이 자유로운 교육 문화도 접하지 못했기 때문이다.

경험하지 못했던 질문 육아, 질문 교육을 아이들에게 전수하려니 힘겹고 어려울 수밖에 없다. 그러나 다음 세대부터는 달라질 것이다. 경험을 통해 질문을 익숙한 과정으로, 나아가 자연스런 문화로 받아들이게 되리라 확신한다. 그 시간을 꿈꾸며 질문하는 습관을 심어주기 위해 원 운영에 하브루타 질문놀이를 적극 활용하고 있다.

질문은 호기심으로부터 출발하며, 호기심은 발견에서 비롯되고, 발견은 바라보는 그것에서부터 시작된다. 관찰하고 발견하여 생겨난 호기심이 질문놀이의 첫걸음이 된다.

그러므로 호기심이 가득하여 보이는 대로 관심을 가지고 탐색하는 아이들을 응원해야 한다. 보이는 그것에서 무엇을 발견했는지, 무엇을 관찰했는지를 질문하며 더 많은 호기심으로 아이들을 이끌어야 한다. 아이들이 질문과 친해지는 시간이 필요하다.

질문과 친해지려면 어떻게 해야 할까?

의도적인 학습이 아닌 즐거운 놀이가 되어야 한다. 친구와 즐거운 시간을 함께 공유해야 친해지듯이, 질문도 연습하는 시간이 즐거워야 친해지고 질문에 자유로울 수 있다.

영유아기의 아이들이 질문과 친해지는 방법으로 우리는 다섯 가지 놀이를 활용한다.

요!요? 놀이. 왜~요? 놀이, 배등제질 놀이, 짝꿍 인터뷰, 다섯 고개이다.

여기서 소개한 실제 사례들은 원에서 이루어진 사례를 중심으로 묘사되었지만 가정에서도 그대로 적용이 가능하다.

놀이 1
요!요? 놀이

요!요? 놀이는 그림을 자세히 관찰하고, 발견한 것을 언어로 표현하고, 다시 의문형으로 되묻는 놀이다. "그림을 보세요. 그림 속에 무엇이 있나요?"라는 질문으로 시작한다.

질문에 대답을 하기 위해서는 먼저 그림을 자세히 관찰해야 한다. 처음에는 눈에 잘 보이는 큰 그림을 말하게 되지만 요!요? 놀이가 반복될수록 그림의 작은 부분까지 찾아내는 모습을 볼 수 있다. 보이는 대로 그림, 색, 글자 모양 등 다양하게 말할 수 있다.

누가 먼저 말할 것인지 순서를 정하여 그림 속에서 무엇이 보이는지를 돌아가며 말한다.

말할 때는 어미에 '~요'를 붙인다.

"~~이 있어요!"

친구가 발견한 그림을 문장으로 들은 나머지 친구들이 "~~이 있어요?"라고 문장을 그대로 따라 하면서 끝을 올려 말해 의문형으로 만든다.

같은 문장의 어미 '요!'를 끝을 올려 말하여 '요?'로 어감만 그대로 바꾸어 말한다. 내용이 같은 문장이지만 끝을 올려 말하여 의문형이 되면 자연스럽게 질문이 만들어진다.

요!요? 놀이는 자연스럽게 질문을 만드는 연습을 하기에 좋은 놀이이다. 그림을 보고 찾아내야 하기 때문에 관찰력 향상에도 도움이 된다.

그림책을 읽기 전 표지를 보면서 요!요? 놀이를 하면 그림책에 대한 흥미를 유발하고 상상력을 자극할 수 있다.

요!요? 놀이의 생활 속 활용

그림책의 그림이나 사진, 명화, 자연풍경 등 일상들이 요요 놀이의 소재가 된다.

주변의 장난감을 찾으면서 할 수도 있다. 마트에서 장을 보면서 진열된 물건을 보거나 식탁 위에 차려진 반찬을 보면서도 할 수 있다.

가족이 모여 무엇인가 이야기 소재가 필요할 때, 아이와 놀이가 필요할 때, 아무 준비가 없어도 시작할 수 있는 활동이다.

영아들의 요!요? 놀이

하브루타를 시작하자고 교사들 앞에서 호기롭게 이야기했을 때 나를 바라보며 난감해하던 영아반 선생님들의 표정이 생각난다.

"아직 말도 잘 못하는 영아들과 하브루타를 하라고요?"

"영아도 질문과 친해지는 놀이가 가능할까요? 어떻게 시작해야 할지 모르겠어요."

그러나 나의 대답은 '할 수 있다'였다.

영아의 각 시기마다 고유한 발달적 특성이 있다. 영아들은 말로 표현하는 것이 아직은 어렵기 때문에 자기들이 표현할 수 있는 모든 것을 동원해서 우리에게 신호를 보낸다. 표정이나 눈빛, 혹은 몸짓으로 의사를 표현한다.

영아는 표현할 수 있는 단어가 한정적이어서 한 마디 단어가 전부일 때가 많다. 이때 영아들이 보내는 비언어적 신호를 놓치지 않고 민감하게 반응하여 언어로 명료화해준다. 영아가 보내는 비언어적 신호에 반응한다면, 보이는 대화가 오가지 않더라도 충분히 하브루타를 할 수 있다.

만 1세 영아들에게는 말끝에 붙이는 '요'의 높낮이에 따라 바뀌는 의미를 알아차리는 시간이 필요하다. 영아들이 손가락으로 그림을 짚거나 한 단어로 말할 때 교사는 '요'로 끝나는 문장으로 명료화하여 들려준다. 영아들은 차츰 문장의 끝에 '요'를 넣어 말하기 시작한다.

스텔라, 아기 갈매기를 구해줘!
조지나 스티븐스 글 이지 버턴 그림/ 에듀앤테크

선생님: 그림 속에 뭐가 보이니?

영아1: 멍멍이~.

선생님: 여기 강아지가 있어요?

영아1: 해~.

선생님: 해가 있어요?

영아1: (손가락으로 갈매기를 가리키며) 으으~.

선생님: 아~ 새가 있어요?

영아2: 꼬꼬.

선생님: 갈매기가 있어요?

선생님: 그림 속에 또 뭐가 보여요?

영아3: 엄마마.

선생님: 엄마가 있어요?

영아3: (손가락으로 엄마를 짚으며) 여기~.

선생님: 엄마는 뭐 하고 있어요?

영아1: 가방.

선생님: 엄마는 가방을 주고 있어요?

만 2세 영아는 평상시 교사와 주고받는 대화로 받아들여 처음에는 큰 흥미를 보이지 않을 수 있다. 그러나 점차 패턴이 익숙해지면서 놀이가 된다.

그림을 관찰하고 문장을 만드는 '~요.'는 주로 영아들이 사용한다. 문장을 의문형 문장으로 바꾸는 질문형 '~요?'는 주로 교사가 사용하게 된다. 영아들이 질문형 '~요?'를 자연스럽게 말할 수 있도록 시간을 두고 꾸준한 시도가 필요하다.

영아들과 질문놀이 해보니

영아는 언어적 표현보다는 비언어적 표현이 주를 이룬다. 이런 이유로 영아와 질문놀이를 시작하는 모든 교사와 부모는 막막함에 주저하게 된다.

영아에게 어떻게 적용하고 이끌어 가야 할지, 영아들에게 어떻게 접근하고, 어떻게 흥미를 끌어내야 할지 걱정이 앞서는 것은 어쩌면 당연하다.

영아의 발달 수준에 맞는 질문과 친해지는 놀이는 어떻게 시작할까? 아직 언어 표현이 서툰 영아에게 어떻게 자기의 생각을 표현할 수 있게 도와줄까?

그 해답은 영아의 발달 수준을 고려한 존중의 상호작용

에 있다.

앞선 걱정을 걷어내고 하나씩 시도해 보았다. 영아의 몸짓과 손짓 그리고 짧은 단음으로 표현할 때마다 단어로 읽어주는 것부터 시작했다. 그리고 그것을 언어화해서 완성형 문장으로 만들어 주었다.

그림책 표지를 보며 영아들에게 무엇이 보이는지 질문했다. 그리고 영아들이 찾은 짧은 단어를 듣고 완성된 질문형으로 말해주었다.

말보다는 몸짓으로 비언어적 표현을 하던 영아가 교사의 질문에 반응하였다. 그림책에 있는 토끼를 보고 당근 모형을 찾아오거나 별이 있는 그림책 표지를 보고 두 손을 돌리며 관심을 보이기도 했다. 말이 느린 영아는 표지 속에서 찾은 것을 손가락으로 짚거나 단어로 말하면서 교사도 미처 찾지 못했던 것을 찾아 표현할 수 있게 되었다. 교사는 질문으로 상호작용이 자연스럽게 일어나도록 도울 수 있었다.

영아들이 교사의 질문을 이해하지 못한다고 해서 거기서 그냥 끝내지 않았다. 엉뚱한 대답을 하더라도 다시 꼬리를 물어 질문을 이어가다 보니, 짧은 문장으로 말할 수 있는 영아는 간혹 자기의 생각을 말하기도 하고 교사에게 질문형으로 묻기도 하였다.

질문과 친해지는 놀이가 반복되자 영아는 교사가 아닌 영아끼리 표지를 보며 일상 대화를 하기도 했다.

늘 주변 환경과 사람들에게 호기심을 가지는 영아에게 교사의 행동과 말 하나하나는 영아들의 관심 대상이다. 영아의 관심 대상인 교사의 모델링은 아이들에게 모방 행동을 끌어낼 수 있었다. 교사의 질문을 모방하는 것으로부터 시작해 영아들이 질문에 익숙해지고, 차차 질문에 맞는 대답을 함으로써 질문놀이와 친숙해져 갔다.

교사가 모델링이 되어주면서 영아들도 친구에게 질문하는 모습을 보여주었다. 필요에 따라 일상생활에서 "왜냐하면~"을 넣어 자연스럽게 자기 생각을 말하는 영아들이 많아졌다.

영아들의 변화를 보며, 말도 못하는 영아가 질문놀이를 할 수 있느냐며 난색을 표했던 교사들이 이제는 더 적극적이다. 어떤 방법으로 영아들과 질문놀이를 할 수 있을지 활동 아이디어를 내고 연구한다.

언어가 발달되기 시작하는 시기이기에 질문놀이는 영아들에게 더욱 중요하다.

놀이 2
'왜~요?' 놀이

왜~요? 놀이는 요!요? 놀이와 진행 방법이 같다.

책 표지나 그림책의 한 장면에 보이는 그림을 찾아 "~~이 있어요!"라고 말하면 나머지 친구들이 다 함께 "~~이 있어요?"라고 의문형을 만든다. 의문형으로 만든 문장 앞에 '왜'를 넣어 더 깊은 생각을 할 수 있는 질문으로 만드는 놀이다.

또는 관찰하여 찾은 그림을 "~~이 있어요!"라고 말하면 "왜~~이 있어요?"로 바꾸어 질문할 수 있다.

선생님: 그림 속에 무엇이 보이나요?

유아1: 코끼리가 웃고 있어요!

다 함께: 왜 코끼리가 웃고 있어요?

유아1: 왜냐하면 코끼리가 오랜만에 친구랑 놀아서 기분이 좋았기 때문이에요.

유아2: 검은 나무가 있어요!

다 함께: 왜 검은 나무가 있어요?

유아2: 왜냐하면 나무가 불에 탔기 때문이에요.

왜~요? 놀이는 자기의 생각을 말로 표현하는 기회가 되며, 단순하게 만든 질문에 대해 원인과 근거를 찾게 한다. 질문은 저절로 답을 생각하게 하고 더 깊이 생각하는 기회를 만들기 때문이다. 자기의 의견을 정리하여 말해야 하기 때문에 사고력 향상에 도움이 된다.

질문에 답을 할 때는 '왜냐하면 ~~때문이야'라는 답문을 사용하여 자기의 생각을 말하는 습관을 길러준다. "왜냐하면"으로 시작하면 자신의 생각을 명확하게 정리하는데 도움이 된다.

왜~요? 놀이의 생활 속 활용

1. 장거리 여행을 가는 차 안에서나 집까지 오는 길에서 관찰된 사물이나 건물 이름을 문장으로 말한다.

2. 앞에서 말한 문장을 그대로 따라 하되, 끝을 올려서 의문형으로 만든다.

3. 의문형 문장 앞에 왜?를 붙여 되묻는다. 지루함도 없애고 길도 익힐 수 있는 놀이로 확장할 수 있다.

유아의 왜~요? 놀이

유아는 자기의 생각을 말로 표현할 수 있을 뿐만 아니라, 생각에 대한 이유도 말할 수 있다. 그래서 유아는 의도하지 않아도 요!요? 놀이와 왜~요? 놀이가 자연스럽게 연결된다.

그림책을 볼 때는 물론이고 일상생활 중에서도 아이들이 하는 말에 교사나 부모가 의도적으로 왜~요?라고 말해서 질문하고 생각하는 것을 익숙하게 한다.

유아1: 선생님, 투명 테이프 주세요.

선생님: 왜 투명 테이프가 필요해요?

유아1: 왜냐하면 그림이 보여야 하기 때문이에요.

선생님: 아하, 그래서 투명 테이프가 필요하구나!

이런 대화가 일상에서 자연스럽게 이루어지다 보니 어느새 유아가 '왜~요?'라고 묻곤 한다.

유아1: 선생님 오늘 왜 빨간 리본 하고 왔어요?

선생님: 왜냐하면 우리 친구들에게 예쁘게 보이고 싶어서요

유아1: 아하, 예쁘게 보이고 싶어서요? 선생님 예뻐요.

아이들은 놀면서 배운다. 요!요? 놀이도 아이들과 게임처럼 하면 더 재미있게 할 수 있다. 게임처럼 놀이하면서 질문과 친해지는 방법을 소개한다.

1. 손가락 엄지와 검지를 펴서 그림책을 향해 총 쏘듯 '요! 요! 요!요!요!'를 외친다.

2. 첫 번째 유아가 보이는 것을 "~요!"라고 말한다.

3. 다른 친구들이 "~요?"라고 묻는다.

4. 교사가 2단계 외치면 다 함께 "왜~요?"라고 묻는다.

5. 처음 말한 유아가 질문에 대답한다.

다 함께: 요!요! 요!요!요! (그림책 표지에 양 손가락을 총으로 만들어 가리킨다)

선생님: 김리예!

유아1: 글씨가 보여요.

다 함께: 글씨가 보여요?

선생님: 2단계!

다 함께: 왜 글씨가 보여요?

선생님: 왜 글씨가 보이나요? (질문을 정리하며 다시 말해준다)

유아1: 왜냐하면 책의 이름을 말해주려고.

선생님: 아하, 그렇구나. 책의 이름, 제목을 알려주기 위해서구나.

(답을 정리하여 다시 말해 준다)

2011 국제공익광고제 대상 수상작

유아1: 북극곰이 보여요.

다 함께: 북극곰이 보여요?

유아2: 북극곰 해골이 보여요.

다 함께: 왜 북극곰 해골이 보여요?

유아2: 왜냐하면 얼음이 다 녹아서 북극곰이 죽었어요.

유아3: 사람이 죽을 뻔한 모습이 보여요.

다 함께: 왜 사람이 죽을 뻔한 모습이 보여요?

유아3: 왜냐하면 사람들이 쓰레기를 많이 버려서 지구 온도가 뜨거

워지니까요.

유아4: 북극곰이 슬퍼 보여요.

다 함께: 왜 북극곰이 슬퍼 보여요?

유아4: 왜냐하면 얼음이 녹기 때문이에요.

선생님: 왜 얼음이 녹을까요?

유아5: 왜냐하면 사람들이 쓰레기를 많이 버려서 지구가 아프대요.

유아6: 왜냐하면 지구가 점점 뜨거워져서 북극에 있는 얼음이 다 녹는대요.

유아들과 요! 요? 놀이, 왜~요? 놀이 해보니

유아들과 그림책 표지로 질문놀이를 할 때 먼저 요!요? 놀이로 시작했다. 교사가 먼저 액션을 크게 해주니 똑같이 쉽게 따라 했다.

일상생활에서 유아들이 어른에게 '~요'로 묻는 것이 질문의 시작이다. 요!요? 놀이에 리듬을 넣어 유아들에게 재미를 더해 주었다.

요!요? 놀이에 익숙해진 유아들은 그림책은 물론 보이는 바깥 풍경이나 주변 환경을 보면서도 질문을 만들기 시작했다. 요!요? 에 이어 왜~요? 놀이로 자연스럽게 확장했고, 아이들은 '왜냐하면~'이라고 말하면서 자기의 생각을 조리있게 표현하기 시작했다.

자연스럽게 질문놀이는 습관처럼 스며들었다. 친구들과의 질문대화를 통해 긍정적인 관계를 맺음으로 교실 속 갈등이 줄어들었다.

놀이 3
배등제질 놀이

배등제질 놀이는 그림이나 그림책 등의 이미지와 텍스트를 활용하여 시각적 사고력을 촉진하는 질문놀이이다.

아이와 함께 질문놀이를 시작하려고 하지만 어떤 질문을 해야할지 막연할 때가 있다. 그럴 때, 다음의 순서대로 질문을 이끌어가면 훨씬 수월하다.

그림책의 표지나 하나의 장면에서 보이는 배경, 등장인물, 제목에 관해 질문하고 생각을 표현하는 놀이다.

배경: 그림의 전체적인 배경을 탐색하는 과정이다. 시간과 공간적 의미를 유추하게 되고, 펼쳐질 이야기의 흐름에서 분위

기를 예측할 수 있다.

등장인물: 등장인물에 관한 탐색이다. 인물의 표정이나 그림에서 차지하는 크기 그리고 그림의 어느 부분에 위치하였는지 등을 관찰하고 파악한다. 등장인물의 감정과 생각을 추측하고 공감할 수 있다.

제목: 그림책의 제목을 가리고 표지의 그림만을 보며 제목을 상상해 본다. 또는 제목을 보고 왜 이런 제목인지를 추측해 본다. 이런 과정은 그림책의 전체 내용을 유추하고 상상하여 그림책의 흥미와 관심이 증폭되게 한다.

그림책을 펼치기 전에 그림이나 사진의 배경 또는 표지를 탐색하여 발견하는 정보들로 질문이 떠오르게 이끄는 놀이 전략이다.

배) 배경을 보고 다양한 질문을 할 수 있다. '이곳은 어디일까?' '색을 보면 어떤 느낌이 들어?' '언제일까?' 등의 질문으로 배경을 탐색하는 질문을 시작한다.

선생님: 이곳은 어디일까?

아이1: 아파트요.

선생님: 왜 그렇게 생각해?

아이1: 1층 2층 3층이

있으니까요.

선생님: 아하, 그렇구나!

선생님: 그림책 표지를 보니

언제인 것 같아?

아이2: 밤이요.

선생님: 왜 그렇게 생각해?

아이2: 둥그런 달이 떠 있으니까요.

선생님: 아하, 그렇구나!

아이3: 저녁이요.

선생님: 왜 그렇게 생각해?

아이3: 집에 있는 사람들이 아직 안 자고 있으니까요.

선생님: 아하, 그렇구나!

달 샤베트
백희나 지음/책읽는곰

무더운 여름 어느 날, 갑자기 정전되었습니다. 반장 할머니는 뚝뚝 떨어지는 달 물을 받아 달 샤베트를 만듭니다. 이웃 사람들은 반장 할머니 댁으로 몰려옵니다.

등) 등장인물의 표정과 몸짓을 보고 질문을 만든다. '이 친구는 어떤 생각을 하고 있을까?' '이 친구는 무엇을 하는 걸까?'

'이 친구는 지금 어떤 기분일까?' 등의 질문으로 탐색한 것을
질문하는 놀이다.

모아나
감독 론 클레멘츠/ 존 머스커

저주에 걸린 모투누이 섬을 구하기
위해 모아나는 오직 신이 선택한 전
설의 영웅 마우이를 찾아 나섭니다.
모아나는 힘들게 찾은 마우이를 설득
해 함께 모투누이를 구하기 위해 모
험을 합니다.

선생님: 여자는 어떤 생각을 하고 있을까?

유아1: 싸우러 가는 것 같아요.

유아2: 배를 저을 생각을 하는 것 같아요.

선생님: 남자는 무엇을 하는 걸까?

유아3: 뱀을 물리치는 것 같아요.

유아4: 큰 괴물을 잡으러 가는 것 같아요.

선생님: 돼지는 어떤 기분일까?

유아5: 우울한 것 같아요.

선생님: 왜 그렇게 생각해?

유아5: 친구들이랑 멀어져서요.

유아6: 무서운 것 같아요.

선생님: 왜 그렇게 생각해?

유아6: 파도가 다가와서요.

유아7: 웃고 있는 것 같아요.

선생님: 왜 그렇게 생각해?

유아7: 바닷가가 좋아서요.

유아8: 웃고 있는 것 같아요.

선생님: 왜 그렇게 생각해?

유아8: 바닷가가 시원해서요

제) 그림책 표지에 있는 제목을 보며 다양한 질문을 만든다. '제목을 보니 어떤 내용일 것 같니?' '제목은 무슨 뜻일까?' 등을 유추하고 추론하는 질문으로 시작되는 놀이이다.

핑!
아니 카스티요 지음/ 달리

내가 '핑'을 하면, 친구는 '퐁'을 해요. '핑'은 방법이 다양해요.
돌아오는 "퐁'은 우리가 정할 수 있는 게 아니에요.

선생님: 핑은 무슨 뜻일까?

유아1: 날아가는 주문이에요.

유아2: 귀엽다는 말 같아요.

유아3: 핑크라고 얘기하는 것 같아요.

선생님: 글씨가 왜 **빨간색**일까?

유아1: 몸이 **빨간색**이어서 글씨도 **빨간색**이에요.

유아2: 물감이 튀어서 **빨간색**이 됐어요.

선생님: 제목을 보니 무슨 내용이라고 생각해?

유아1: **빨간** 세상이 있을 것 같아요.

유아2: 아이스크림을 먹는 내용일 것 같아요.

유아3: 사람을 만나서 아이스크림을 주는 내용일 것 같아요.

유아4: 왜 아이스크림만 파란색일까?

유아1: 맛있는 아이스크림 색깔이 파란색이라서.

배등제질 놀이의 생활 속 활용

1. 가정에서 그림책을 보기 전 포스트잇으로 그림책의 제목을 가려 둔다. 표지나 그림을 보고 제목을 상상해 보도록 한다.
2. 그림에서 보이는 배경을 보며 궁금증을 말한다. 엄마가 배경에서 보이는 장면을 질문한다.
3. 등장인물이나 동물들의 표정이나 몸짓을 보며 궁금한 점을 말한다. 그림책을 보기 전 표지에 보이는 등장인물에 관해 질문한다.
4. 제목을 읽고 어떤 뜻일지, 어떤 내용인지 상상한다.

영아의 배등제질 놀이

영아들과 표지를 보며 요!요? 놀이나 까바 놀이를 할 때, 교사가 "조개가 보여요?" "꽃게가 있습니까?"라고 질문을 하면 "네~"라는 단답형 대답이 돌아온다.

하지만 '그림 속에 보이는 것이 무엇이지?'라고 질문했을 때는 그림을 가리키거나 영아의 시점에서 보이는 이름을 말하기도 한다. 또한 영아의 생각도 짧은 단어로 들을 수 있다.

영아가 비언어적 표현을 한다면 교사는 단어나 문장으로 명료화해주어야 한다. 영아의 표현에 대한 명료화는 매우 중요하다. 영아의 생각을 개념화하는 과정으로 인지적 발달에 도움이 된다.

누가 숨겼지?
고미타로 지음/ 비룡소

장갑, 칫솔, 양말을 숨긴 건 누구일까요? 물건을 숨긴 동물들을 찾아보고 물건의 수를 세어보아요.

선생님: 그림 속에 뭐가 보여요?

영아1: 그림 속에 악어가 있어요.

선생님: 또 뭐가 보여요?

영아2: 꼬꼬닭도 있고, 사마귀도 있어요.

영아1: 게도 있어요.

영아3: 이건 게가 아니고 꽃게잖아.

선생님: 꽃게를 본 적이 있어요?

영아3: 바닷가에서 꽃게 본 적 있어요.

선생님: 동물 친구들이 뭘 하고 있는 것 같아요?

영아1: 숨바꼭질 하는 것 같아요.

선생님: 왜 그렇게 생각해?

영아1: 왜냐하면, 이렇게 이렇게 숨어 있어서요.

영아2: 꽃게가 너무 꼭꼭 숨어서 눈이 안 보여요.

선생님: 그럼, 이 중에 술래는 누구일까?

영아1: 악어가 술래예요.

선생님: 왜 그렇게 생각해?

영아1: 왜냐하면 악어가 얼굴을 쭉 내밀고 있어서요.

선생님: 악어는 얼굴을 쭉 내밀고 뭐라고 말하고 있는 걸까?

영아1: 나랑 숨바꼭질 하자고 해요.

영아3: 엄마 보고 싶어 하는 거야.

선생님: 왜 엄마 보고 싶어 하는 거 같아?

영아3: 왜냐하면 엄마가 꼭꼭 숨어있어서 엄마 찾고 싶어서.

선생님: 이 그림책의 제목은 뭘까?

영아1: 꼭꼭 숨어라!

영아2: 바다에서 숨바꼭질 해요.

영아3: 숨바꼭질.

선생님: 왜 '숨바꼭질'이라고 생각해?

영아3: 왜냐하면 여기 글자가 숨바꼭질이라고 써 있는 것 같아서요.

선생님: 아, 그렇구나.

유아의 배등제질 놀이

배등제질 놀이는 그림의 배경, 등장인물, 제목을 보고 질문하는 놀이이다. 대부분 그림책 표지로 질문놀이 하지만, 그림책 중 마음에 드는 장면 또는 명화나 영화 포스터, 사진을 보면서도 할 수 있다. 배등제질 놀이는 유아의 관찰력을 높이고 유추하고 추리하는 과정에서 공감 능력이 향상된다.

선생님: 이곳은 어디일까요?

유아1: 마을이요. 왜냐하면 집들이 있어서요.

유아2: 우주 같아요. 왜냐하면 행성들이 있으니까요.

유아3: 바다 같아요. 왜냐하면 하늘이 바다 같아요.

선생님: 그림을 보니 어떤 색깔이 떠오르나요?

유아: 파란색이요.

선생님: 파란색을 보니 어떤 느낌이 드나요?

유아1: 바다의 느낌이요.

유아2: 수영장에 온 느낌이 들어요.

선생님: 아하, 그렇구나.

선생님: 그림 속은 언제일까요?

유아1: 밤 같아요. 왜냐하면 달이 있으니까요.

유아2: 1분만 있으면 아침이 되는 밤 같아요.

선생님: 왜 그렇게 생각해?

유아2: 왜냐하면, 불이 켜진 집이 있으니까요.

선생님: 아하, 그렇구나.

선생님: 제목이 무엇일까요?

유아1: 바다야 안녕. 왜냐하면 하늘이 바다색이니까요.

유아2: 하늘아, 넌 뭘 보고 있니? 왜냐하면 하늘을 보고 생각났어요.

선생님: 아하, 그렇구나.

고흐의 '별이 빛나는 밤에'라는 제목을 알려주 후에 다시 유아들에게 질문한다.

선생님: 제목을 보니 무슨 내용일까요?

유아1: 별이 빛나는 밤에 잠자는 그림 같아요.

선생님: 아하, 그렇구나.

선생님: 왜 '별이 빛나는 밤에'라는 제목을 지었을까요?

유아1: 별이 빛나고 있어서요.

유아2: 별이 빛나고 있는데 별이 너무 빛나서 반딧불이처럼 잘 안 보여서 별이 빛나는 밤에라고 지은 것 같아요.

선생님: 아하, 그렇구나.

유아의 배등제질 놀이 해보니

~~~~~~~~

그림책 표지를 보고 유아들과 질문놀이를 한다는 것이 막연하게 느껴질 수 있다. 원에서 처음 아이들과 질문놀이를 시작하는 선생님들, 그리고 가정에서 부모님들도 겪는 어려움이다.

이럴 때 '배등제질' 즉 배경, 등장인물, 제목으로 질문하면 질문놀이의 접근을 쉽게 해준다.

배등제질 놀이를 하면서 처음에는 유아들이 그림책의 표지 부분만 보고 이야기하는 것이 어렵지 않을까 생각했다. 하지만, 오히려 표지 하나를 보고 유아들의 다양한 생각들을 들을 수 있었다.

아이들의 상상력은 끝이 없었고, 미처 생각하지도 못했던 대답을 들으면서 아이들의 무한한 잠재력을 확인할 수 있었다.

배등제질 놀이가 익숙해지자 유아들은 그림책의 표지를 보면서 서로 보지 못했던 부분을 찾는 놀이도 하고 그림을 보며 상상 속 이야기를 나누며 즐거워했다.

역시 그림책은 무한한 상상력의 보고이고, 질문놀이는 그 보물을 찾아내는 도구임에 틀림없다. 배등제질 놀이로 유아들과 질문놀이 하면서 교사도 즐겁고 아이들도 즐거운 시간을 경험하고 있다.

놀이 4
짝꿍 인터뷰

짝꿍 인터뷰는 단순하게 짝에게 묻고 답하는 것을 넘어 내가 들은 것을 그대로 전달하는 놀이다. 짝에게 궁금한 것을 묻고 짝의 생각을 듣는다. 서로 역할을 바꾸어 질문하고 답을 듣는다. 그리고 다른 친구들이나 식구들 앞에서 짝이 어떤 대답을 했는지 대신 말하는 놀이다.

먼저 짝에게 할 질문을 아이들과 상의해 미리 정해 놓는다. 그러면 어떤 질문을 할지 고민하는 시간을 줄일 수 있다.

신학기라면 친구의 이름이 무엇인지? 어떤 음식을 좋아하는지? 어떤 장난감을 좋아하는지? 등의 질문을 준비한다. 친구들과 친해졌다면 지난 주말에 가족과 어떻게 지냈는지?가 공통 질문이 될 수 있다.

일상에 관한 질문 외에 짝이 그린 그림이나 만들기 결과물로 짝꿍 인터뷰를 하기도 한다.

내가 그린 그림이나 만들기 결과물에 대해 왜 그렸는지, 어떻게 표현했는지 등을 짝에게 설명한다. 짝도 같은 방법으로 나에게 설명한다. 서로 묻고 답한 후 친구들 앞에서 짝이 어떤 그림을 그린 것인지 대신 말한다.

유아1: 넌 뭐 좋아해?

유아2: 김치.

유아1: 넌 이름이 뭐야?

유아2: 이지완.

친구들 앞에서 짝에게 들은 대로 이야기한다.

유아1: 내 짝은 이름이 이지완이야. 그리고 김치를 좋아해.

들은 말을 다른 친구들에게 전달해야 하기 때문에 친구가 하는 말을 바르게 듣는 훈련이 된다. 들은 말을 잘 정리해야 하므로 집중력 향상에 도움이 된다. 짝꿍 인터뷰 놀이는 경청의 자세와 질문놀이의 기본인 존중을 배우게 된다.

짝꿍 인터뷰 놀이 방법 & 생활 속 활용

1. 짝에게 물어볼 질문을 정한다.

2. 짝에게 질문하고 대답을 들었다면 "아하! 그렇구나" "왜 그렇게 생각해"라고 말한다.

3. "왜 그렇게 생각해"라고 질문을 받은 친구는 자기의 생각을 이야기한다.

4. 역할을 바꾸어 질문하고 대답한다.

5. 짝꿍 인터뷰가 끝나면 다른 친구들 앞에서 짝에게 들은 이야기를 그대로 전달한다.

6. 가정에서는 엄마와 짝꿍이 되어 인터뷰 한 내용을 아빠에게 설명해 주는 방법으로 활용할 수 있다. 부모의 다양한 어휘 사용으로 언어의 확장을 도와줄 수 있다.

영아의 짝꿍 인터뷰 놀이

영아들은 친구와 짝을 지어 질문을 주고받기가 아직은 어렵다. 그래서 영아들의 짝꿍 인터뷰 대상은 교사가 된다.

먼저 교사가 다른 교사와 함께 손을 잡고 짝꿍 질문놀이 하는 모습을 보여주고 난 후, 교사가 영아와 손을 잡고 짝꿍 질문놀이를 한다.

교사와 교사가 질문놀이 하는 모습에 처음부터 모든 영아가 관심을 보이지는 않는다. 그러나 관심을 보이는 영아가 한 명이라도 있다면 모델링을 해주는 것이 중요하다. 왜냐하면, 관심을 보이는 영아와 교사가 짝꿍 질문놀이를 함으로써 다른 영아들도 교사와 함께 있는 친구가 무엇을 하는지 관심을 보이기 때문이다. 교사와 짝꿍 질문놀이를 경험한 영아들은 차츰 또래와도 짝꿍 질문놀이를 할 수 있게 된다.

영아들은 아직 질문놀이에 익숙하지 않고 집중 시간이 짧다. 따라서 교사가 질문을 반복해서 말해주고 따라 하도록 하는 것이 좋다.

영아들과 그림책을 보고 그림책 속에 어떤 바닷속 친구들이 나왔는지 질문했다.

선생님: 그림책 속에 어떤 바닷속 친구들이 나왔지?
영아1: 거북이! 새우. 음~~~ 얘!(라고 말하며 불가사리를 가리킨다)
선생님: 아! 불가사리!
영아1: 불가사리도 나왔어요.

선생님: 지유야. 어떤 바닷속 친구들이랑 놀고 싶냐고 선생님께 물어봐 줄래? (교사가 질문을 한 번 말해주고 따라 말할 수 있도록 한다)

영아1: 선생님은 어떤 바닷속 친구랑 놀고 싶어?

선생님: 나는 소라랑 놀고 싶어.

영아1: 왜 그렇게 생각해요?

선생님: 왜냐하면, 소라로 뿌~뿌~ 나팔을 불면서 같이 놀고 싶기 때문이야.

영아1: 아~ 그렇구나. (손을 바꿔 잡고)

선생님: 지유야, 지유는 어떤 바닷속 친구랑 놀고 싶어?

영아1: 나는 불가사리랑 놀고 싶어.

선생님: 왜 그렇게 생각해?

영아1: 왜냐하면 불가사리로 쨍쨍 치고 싶어서요.

선생님: 아~ 그렇구나. 불가사리처럼 쨍쨍 소리 낼 수 있는 것은 무엇이 있을까?

영아1: 이거~! (라고 말하며 실로폰을 가져와 친다)

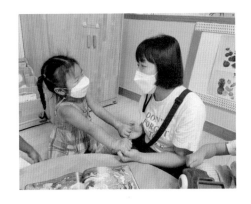

교사와 교사가 짝꿍 질문놀이 하는 것을 보여준 후 교사와 영아가 짝꿍 질문놀이를 하였다. 옆에서 보던 다른 영아가 다가와 영아들끼리 짝꿍 질문놀이를 한다.

영아1: 동하야, 넌 어떤 바닷속 친구랑 놀고 싶어?

영아2: (그림책에 새우를 가리키며) 이거!

영아1: 왜 얘랑 놀고 싶어?

영아2: 같이 노래 할 거야.

영아1: 아~ 그렇구나.

(교사가 순서를 바꿀 수 있도록 도와준다)

영아2: 넌 어떤 바닷속 친구랑 놀고 싶어?

영아1: 난 불가사리랑 놀고 싶어.

영아2: 왜?

영아1: 불가사리로 쨍쨍 치고 싶어서.

동하는 지유의 대답이 끝나자마자 손을 놓고 다른 놀잇감 쪽으로 간다.

유아의 짝꿍 인터뷰

1. 친구 소개하기

친구 소개하기는 친구들을 새로 만나는 학기 초에 하면 좋다. 낯설고 친구가 없는 시기에 자연스럽게 서로를 알게 되고, 친해지는 계기가 된다.

반 아이들이 둘씩 짝을 지어 손을 마주 잡는다. 손바닥이 위로 보이는 친구가 먼저 짝에게 물어본다. 짝꿍 인터뷰가 아직 어색한 아이들에게는 교사가 질문을 제시한다.

(두 친구가 양손을 마주 잡고)

유아1: 너의 이름은 뭐야?

유아2: 나는 박동현.

유아1: 그렇구나, 너는 무슨 색을 좋아해?

유아2: 나는 파란색, 하얀색, 노란색, 빨간색.

(손을 바꿔서)

유아2: 너는 이름이 뭐야?

유아1: 김라운.

유아2: 너는 무슨 색을 좋아해?

유아1: 난 레인보우 색깔이 좋아.

유아2: 왜 그렇게 생각해?

유아1: 그냥 좋으니까.

유아2: 아 그렇구나.

(짝꿍 인터뷰를 모두 마치면 친구들 앞에서 내 짝을 소개한다)

선생님: 우리 친구들에게 네 짝꿍을 소개해 줄래?

유아1: 내 친구 이름은 박동현이야. 박동현은 파란색이랑 하얀색이랑 빨간색을 좋아한대.

유아2: 내 짝은 김라운이야. 라운이는 무지개를 좋아해.

유아1: 아니 무지개 색깔.

유아2: 무지개 색깔을 좋아한대.

2. 주말 지낸 이야기

짝꿍과 함께 서로 주말에 무엇을 했는지 물어본다. 짝꿍과 함께 다른 친구들 앞에 나와서 나의 짝꿍이 무엇을 했는지 발표한다. 발표를 들은 친구들이 더 궁금한 것을 질문한다. 한 명씩 발표하게 하면 시간의 제약을 받게 되고, 발표가 길어지면 집중하기 어려워진다. 그럴 때 짝꿍 질문놀이는 짧은 시간에 모두의 주말 이야기를 말할 수 있는 효과적인 방법이다.

(두 명씩 짝지어 주말에 무엇을 했는지 짝꿍 인터뷰하고 한자리에 모임)

친구들: 준우야, 호준이 주말에 뭐했어?

준우: 호준이는 제주도 가서 라면 100개 먹고, 국물도 많이 먹었대.

친구들: 아~그랬구나!

선생님: 준우가 호준이의 주말 지낸 이야기를 해주었는데, 호준이에게 더 궁금한 것이 있나요?

유아3: 라면이 어떻게 생겼어?

호준: (손동작 하며) 면처럼 생겼어. 그다음에 매운 라면 엄청 많이 먹었다!

유아3: 몇 개?

호준: 백여덟 개랑 백 개!

친구들: 아하, 그렇구나!

친구들: 호준아! 준우는 주말에 뭐 했어?

호준: 준우는 누나랑 놀았구, 아빠랑 엄마랑 누나랑 마트에 갔대.

선생님: 호준이가 준우 주말에 뭐 하고 지냈는지 잘 얘기해 주었어요. 준우에게 더 궁금한 것이 있나요?

친구: 마트 가서 뭐 샀어?

준우: 우유랑 그런 거…….

친구들: 아하, 그렇구나!

유아의 짝꿍 인터뷰 놀이 해보니

처음 짝꿍 인터뷰를 할 때, 소극적인 유아들은 자신의 이야기를 하는 것에 대해서 쑥스러워하고 발표하는 것을 어려워했다. 게다가 친구들과 손을 잡고 질문하고 대답하는 것을 많이 부끄러워하였다. 그러나 차츰 익숙해졌고 재미있는 놀이로 생각하게 되었다.

지금은 '왜 그렇게 생각해?'라고 묻고 친구가 대답을 할 때까지 잘 기다려준다. 친구의 말을 차분히 경청하는 모습이 보이기 시작했다. 친구가 이야기한 것을 잘 기억하여 발표하기를 즐긴다.

친구의 이야기를 기억했다가 다음 놀이 시간에 "너 이거 했었지~"라고 말하며 친구에게 관심과 공감을 보이는 유아가 늘어났다.

짝꿍 인터뷰를 아직 어색해 하고 말을 안 하는 친구에게는 "이렇게 대답해야지~" "왜 그렇게 생각하냐고 물어봐야지"라고 알려주기도 한다. 그리고는 친구의 대답을 기다려주는 배려의 모습도 보여주고 있다. 짝꿍 인터뷰를 통해 유아대 유아 상호작용이 활발해짐으로 전반적인 언어표현 능력이 향상되었다.

놀이 5
다섯 고개 놀이

    제목에서 연상되는 것처럼 다섯 고개 놀이는 우리가 알고 있는 스무 고개를 다섯 개로 줄인 놀이다.

    1950년대 영국의 한 라디오 프로그램으로 유명해진 스무 고개는 우리에게 익숙한 말놀이의 하나이다. 한 사람이 어떤 물건이나 숫자를 마음속으로 생각하면 다른 사람이 스무 번까지 질문을 해서 그것을 알아맞히는 놀이다.

    다섯 고개는 스무 번이 아니라 다섯 번의 질문으로 맞히는 놀이다. 문제를 내는 사람은 친구가 맞힐 수 있도록 최소한의 힌트와 예, 아니오의 답만을 말한다. 상대편 친구는 온갖 상상력과 추리력을 동원하여 답을 맞히기 위한 질문을 한다. 나이가 어린 아이들은 그림으로 된 단어 카드를 이용하면 쉽게 문제를 낼 수 있다. 아이들의 나이와 수준에 따라 다섯 고개에서 열 고개로 점차 늘릴 수 있다.

유아1: 이건 뭘까요?

유아2: 무슨 색이에요?

유아1: 보라색.

유아2: 모양이 동그래요?

유아1: 맞아.

유아2: 동그라미 안에 뭐가 있어요?

유아2: 알맹이요.

유아1: 청포도?

유아2: 땡!

유아1: 포도.

유아2: 딩동댕~.

어느 정도 익숙해지면 그림책 속 등장인물이나 사물 등을 활용해 다섯 고개를 한다. 다섯 고개 놀이는 문제의 정답을 맞히기 위해 가설을 세우는 과정에서 사고력과 추리력, 그리고 문제 해결력이 향상될 뿐 아니라 어휘력과 표현력을 높여주는 효과가 있다.

다섯 고개 놀이 방법은 다음과 같다.

1. 문제를 내는 사람은 자기가 생각한 단어를 종이에 적거나 그린다. (그림 단어 카드 중 한 장을 뽑는다)

2. 질문하는 사람은 한 번에 한 가지만 물어볼 수 있다.

3. 문제를 내는 사람은 질문에 '예 / 아니오'로만 대답한다. (최소한의 힌트를 말한다)

4. 한 번 질문하고 대답하는 것이 한 고개가 된다.

Tip

다섯 고개 놀이 생활 속 활용

이 놀이는 일상에서 활용하기 좋은 놀이이다. 아이와 움직이는 지루한 차 안에서, 아이 손을 잡고 산책하는 동안 혹은 거실 소파에 나란히 누워서도 쉽게 할 수 있다.

아이가 선택한 단어를 맞히기 위해 어떤 질문으로 접근해 가야 하는지 부모님이 먼저 롤모델을 보여줄 수 있다. 즐겁게 놀이하면서 아이의 어휘력과 추리력을 향상시킬 수 있어 좋다.

영아의 다섯 고개 놀이

영아들과 다섯 고개를 하기 전에 그림 카드를 먼저 보여준다. 그리고 어떻게 생겼는지 어떤 색깔인지 살펴보는 시간이 필요하다.

교사가 말해주는 특징을 듣고 답을 말하는 방법의 퀴즈는 영아들도 익숙하다. 그러나 궁금한 것을 질문하며 답을 찾아가는 다섯 고개는 익숙하지 않기 때문에 어떻게 해야 할지 모르겠다는 표정을 짓기도 한다.

영아가 궁금한 것을 교사에게 물어볼 수 있도록 교사가 먼저 다양한 질문을 하니 영아가 교사를 따라서 질문하며 다섯 고개 놀이를 할 수 있었다.

영아들이 다섯 고개에 익숙해지도록 두 명의 교사가 다섯 고개 하는 모습을 꾸준히 보여주는 것도 방법이다.

영아들과 '쉿! 비밀이야!' 그림책 속에 나오는 바다 생물들 그림 카드를 보며 어떤 바닷속 생물이 있는지 이야기 나누어보고 이름과 특징을 말해보았다.

영아들은 그림 카드를 보면서 이미 알고 있는 것은 "문어

다!" "거북이도 있어요"라고 이름을 말하기도 했다. 하지만, 꽃
게 그림을 가리키며 "집게다"라고 말하기도 하고 새우 그림을
가리키며 "이건 뭐예요?"라고 질문하기도 했다.

영아1: 집게다.

선생님: 집게발이네?(라고 말하며 양손 검지와 중지로 집게를 만들어
집게발 흉내를 낸다)

영아1: (교사를 따라 집게발 흉내를 내며) 얘는 이름이 뭐예요?

선생님: 얘 이름은 꽃게야.

영아1: 꽃게? 꽃게 꽃게~~(라고 말하며 집게발 흉내를 낸다).

(그림 카드를 선생님만 보고 영아와 다섯 고개 한다)

선생님: 지유야, 선생님이 들고 있는 바닷속 친구는 누굴까?
알아맞혀 볼래?

영아1: 상어!

선생님: 상어 아닌데~ 지유가 궁금한 거 있으면 물어봐.

영아1: ……. (고개를 갸우뚱 한다)

선생님: 이건 색깔은 뭘까? 어떤 모양일까? 다리는 몇 개일까?

영아1 이건 어떤 색깔이에요?

선생님: 이건 빨간색이에요.

영아1: 이건 어떤 모양이에요?

선생님: 머리가 동그란 모양이에요.

영아1: 다리가 몇 개예요?

선생님: 다리가 많아요. 다리가 여덟 개예요. 또 궁금한 거 있어?

영아1: 어디서 살아요?

선생님: 바닷속에서 살아요. 얘는 누구일까요?

영아1: 문어!

선생님: 딩동댕~!!

유아의 다섯 고개 놀이

1. 그림 카드 다섯 고개

-문제를 내는 사람이 익숙한 사물 카드 한 장을 고른다.

-문제를 맞히는 유아가 질문을 한다.

-5개의 질문에 대한 답을 듣고, 문제를 맞힌다.

아직 다섯 고개가 서툰 다섯 살은 교사와 함께 한다. 유아가 그림 카드를 들고 교사가 답을 맞히기 위한 질문을 시작한다. 교사가 손가락 5개를 펼친 후 질문할 때마다 손가락을 접는다.

2 그림책 장면으로 다섯 고개

-답을 맞혀야 하는 유아가 그림책에 나온 등장인물, 사물 등을 대상으로 정한다.

-답을 맞힐 수 있게 질문한다.

-5개의 질문에 대한 답을 듣고, 답을 맞힌다.

('신기한 씨앗 가게' 그림책을 보고)

유아1: 음 나한테 물어봐.

유아2: 움직이는 거야?

유아1: 아니!

유아2: 고양이가 있어?

유아1: 응!

유아2: 풀도 달렸어?

유아1: 있어! 3개 말했어.

유아2: 나 알 거 같아!

유아1: 하나둘셋 하고 말해봐.

유아2: 나무!

유아1: 정답~!!

3. 그림책 장면 찾기 다섯 고개

-문제를 내는 유아가 그림책의 한 장면을 고른다.

-친구들이 보이지 않게 그림책을 가린다.

-다른 친구들은 문제를 내는 유아와 같은 그림책을 펼쳐보며 질문한다.

-5개의 질문에 대한 답을 듣고, 자신이 생각하는 페이지를 펴서 동시에 든다.

-마지막에 문제를 내는 유아가 자신이 고른 페이지를 펼쳐 보여주며 답을 확인한다.

('마법시장' 그림책을 보고)

유아1: 음 생각했어!

유아2: 동물이 나오나요?

유아1: 많이 나와요!

유아3: 사람이 나오나요?

유아1: 네!

선생님: 사람이 3명 이상 나오나요?

유아1: 아니요!

(유아들이 책 장면을 찾기 시작한다.)

유아1: 이제 한 개 남았어!

유아2: 주황색이 나오나요?

유아1: 네! 이제 끝이야, 하나둘셋 하면 드는 거야. 하나! 둘! 셋!

친구들이 생각한 장면을 펼쳐 든다. 문제를 낸 유아도 자기가 고른 장면을 친구들에게 보여준다.

유아의 다섯 고개 놀이 해보니

다섯 고개는 유아들의 흥미유발과 집중력을 끄는 최고의 방법 중 하나이다.

그림책 또는 어떤 주제가 주어지면 유아들은 힌트가 되는 그림을 손으로 가리고 친구들을 향해 "이게 뭘까? 다섯 고개 시작!" 하고 손가락을 펼쳐 보인다. 교사의 개입이 없어도 유아끼리 다섯 고개를 하며 즐거워한다.

그날의 간식이나 칭찬 주인공, 퀴즈 등 무엇인가를 맞혀야 할 때 유아들이 열 고개, 스무 고개까지 질문하는 모습을 보였다. 흥미는 최고의 동기부여가 된다. 어느새 아이들에게 질문놀이가 익숙해지고 있다.

영유아 질문놀이에
적합한 그림책 고르기

"엄마! 엄마 핸드폰으로 게임하게 해주세요."

엄마는 아이가 핸드폰으로 게임을 하는 시간이 점점 길어지는 것이 걱정이다. 책이라도 읽혀야겠다는 생각에 그림책 다섯 권을 읽으면 엄마 핸드폰을 주겠다고 말한다.

"다섯 권? 엄마 세 권만 읽으면 안 돼요?"

"안 돼, 다섯 권 다 읽어야 핸드폰 줄 거야."

조바심이 나는 아이는 그림책 다섯 권을 후다닥 읽고 "엄마 다 읽었어요"라고 말하며 손을 내민다.

아이는 정말 엄마가 원하는 대로 그림책을 읽었을까?

아이는 급한 마음에 그림책에 있는 글만 읽어 내려갔을 것이다. 어쩌면 글은 무시하고 그림만 보고 책장을 넘겼는지도 모를 일이다.

엄마는 아이가 책을 읽었다고 생각하겠지만 아이는 책을 읽지 않았다. 그림책은 단순히 기계적으로 읽는 것이 아니라, 보고 듣고 질문하고 생각해야 비로소 그림책을 읽었다고 할 수 있기 때문이다.

그림책은 글과 그림이 어우러져 이야기를 만들어가는 책이다. 폴란드 출신의 그림책 작가 유리 슐레비츠는 자신의 그림책 평론서인《그림으로 글쓰기 (1997)》에서 이렇게 말했다.

"그림책에서 글은 그림을 반복하지 않으며, 그림도 글을 반복하지 않는다. 글과 그림은 대위적 관계로 서로 보완하고 완성한다."

그림책의 그림은 글로 표현하지 못하는 상황을 표현하고, 글은 그림으로 다 보여주지 못한 이야기를 전개한다. 글과 그림이 서로 보완하며 어우러져 읽는 이로 하여금 이야기의 흐름을 이해하게 하는 것이다. 따라서 짧은 시간 글만 휙 읽어서는 그림책을 읽었다고 말할 수 없다. 글과 그림을 천천히 보며 상상하고 유추하고 생각해야 숨겨진 많은 것들을 볼 수 있기 때문이다.

그림책은 글과 그림이 함께 메시지를 전달하기에 글을 모르는 영유아도 그림을 보며 이야기를 상상할 수 있다. 글뿐만 아니라 그림을 읽는 즐거움이 있다. 그런 이유로 그림책은 영유아 질문놀이에서 필수 아이템으로 사용된다.

질문놀이로 그림책을 읽으면 어떤 점이 좋을까?

그림책은 그림이 많고 글이 적다 보니 내용이 단순한 책이라고 생각할 수 있다. 그러나 그렇지 않다. 그림책은 쉽게 읽고 깊게 생각하기 좋다. 또한 그림이 주는 미술의 양식과 조화로움은 또 다른 호기심과 상상력을 불러일으킨다.

그림책은 이야기 외에 그림을 세세하게 관찰하면서 보이지 않는 것까지 유추하게 한다.

그림책의 앞뒤 표지, 면지, 글자 모양, 그림의 배경, 색 등에 관심을 두고 관찰하면 많은 것을 발견하게 되고, 발견된 것은 궁금증을 가져온다. 궁금한 내용을 질문하고 생각을 나눌 때 아이는 상상의 날개를 펴게 된다.

이러한 상상력과 호기심으로 아이는 새롭게 이야기를 만들어 내게 된다. 마음껏 펼쳐진 자기만의 이야기를 표현하는 경험을 하게 된다. 이 과정을 통해 이야기의 전개나 문법 등 말하기 기술이 발달하게 된다. 또한, 그림책을 읽고 보고 들으면서 유아는 풍성한 정서적 경험을 하게 된다.

그러면 질문놀이 하기에 적합한 그림책은 어떻게 고를 수 있을까?

사실 그림책을 가장 많이 읽어주는 선생님조차도 어떤 그림책이 질문놀이에 적합한 그림책인지 구별하기는 쉽지 않다.

아이가 흥미를 갖고 몰입할 수 있는 그림책 고르는 방법을 소개한다.

첫째, 아이의 나이와 수준에 맞는 그림책을 선택한다.

영아는 그림이 선명하고 일상의 내용을 다루는 그림책이 좋다. 또한 글과 그림이 일치하는 그림책이 좋다. 영아가 이해하기 쉽기 때문이다.

유아는 문장 읽기가 가능하므로, 내용을 충분히 이해할 수 있는 그림책이 좋다. 자기의 경험과 연관 짓거나 상상력을 자극할 수 있는 매력적인 그림이 있는 그림책을 고른다.

둘째, 영유아가 흥미를 갖는 그림책을 고른다.

성인의 기준에서 선택한 그림책을 아이에게 건네주기보다는 아이가 어떤 것에 흥미를 갖는지 관찰하여 그림책을 선택한다. 최근 아이가 몰입하고 있는 놀이와 연관된 주제의 그림책을 찾아보는 것도 방법이다.

아이와 서점에 가서 여러 그림책을 보게 하고, 아이가 직접 고르게 하는 것도 좋다. 자기가 읽을 그림책을 직접 골라보게 하므로 아이의 취향과 관심 분야를 알 수 있다.

셋째, 상상력을 자극하는 그림책을 고른다.

그림책 결말이 단순하게 '그래서 둘이는 행복하게 잘 살았답니다' 식으로 뻔한 결과로 끝난다면 더 이상의 상상이 필요 없어진다.

또는 '다람쥐가 속상했어요. 왜냐하면 도토리를 잃어버렸기 때문이지요'처럼 이유를 친절하게 설명하고 있다면 이것 역시 아이가 추측하고 생각할 틈을 주지 않는 것이다.

답이 정해져 있지 않고 생각할 수 있는 부분이 많은 그림책이 질문놀이 하기에 좋은 그림책이다.

그런데도 여전히 그림책 선정이 어렵다면 실패하지 않고 좋은 그림책을 고르는 마지막 방법이 있다. 그것은 국내외에서 좋은 그림책에 주는 '상'을 받은 그림책을 선택하는 것이다.

외국의 그림책 상으로는 그림이 가장 뛰어난 그림책에 부여하는 미국의 '칼데콧 상', 그래픽과 편집디자인 등이 우수한 그림책에 부여하는 이탈리아의 '볼로냐 라가치 상', 우수한 그림 작가에게 주는 영국의 '케이트 그린어웨이 상' 그리고 안데르센 상과 'BIB 상'이 있다.

한국의 그림책 상에는 '한국어린이도서 상' '황금도깨비 상' '서울동화일러스트레이션 상' 등이 있다.

아무리 좋은 그림책이라도 아이가 책 읽기를 재미없어 한다면 더 이상 그림책의 가치와 효과를 기대할 수 없다. 아이가 그림책과 친해지도록 분위기를 만들고 기다리되 재촉하지 않아야 한다. 아이와 그림책을 함께 읽으면서 천천히 관찰하고, 편하게 질문하고, 자유롭게 생각을 표현하는 경험이 쌓이게 될 때 아이는 놀라울 정도로 창의성을 동반한 사고력이 자라게 될 것이다.

그림책 놀이와
그림책 질문놀이는 다르다

만 2세 반 교실에서는 선생님과 아이들이 앤서니 브라운의 《우리 엄마》라는 그림책 놀이가 한창이다. 아이들과 그림책을 읽고 그림책 장면을 놀이로 만든다.

'우리 엄마는 굉장한 요리사이고'라는 장면을 보고 아이들은 밀가루 반죽으로 케이크 만드는 놀이를 한다.

'우리 엄마는 훌륭한 화가이고'라는 장면에서 엄마가 화장하는 모습을 본 아이들은 사진 속 엄마를 꾸며주는 놀이를 한다.

'그리고 우리 엄마는 착한 요정'이라는 장면이 나오자 아이들은 발레리나처럼 춤을 춘다.

'우리 엄마는 사장이 될 수도 있었고요'라는 장면에서는 소파에 사장님처럼 앉는 게임도 한다.

'우주 비행사가 될 수도 있었어요'라는 장면이 나오자 선생님이 우주복을 만들어 입힌 아이를 번쩍 들어 하늘을 나는 놀이를 한다. '우리 엄마는 슈퍼 엄마!'에서 엄마가 망토를 매고 하늘을 나는 모습을 본 아이들은 빨간 망토를 매고 슈퍼맨 포즈를 잡으며 즐겁게 웃는다. 교실 밖에서 지켜보는 내가 보아도 정말 신나고 재미있게 놀이하고 있었다.

만 2세 영아반 선생님은 좋은 그림책을 선정하여 재미있게 읽어주었고, 아이들과 즐겁게 놀이한 후 뿌듯함으로 일지를 들고 원장실에 들어왔다.

"원장 선생님. 저희 반은 영아들과 그림책으로 질문놀이를 했습니다."

"선생님, 그림책 내용을 아이들과 놀이로 풀어낸 것은 아주 많이 칭찬해요. 하지만 질문이 빠져있는 놀이를 질문놀이라고 할 수는 없어요."

그림책 놀이와 그림책 질문놀이는 당연히 차이가 있다. 질문하고 생각하는 하브루타 과정이 있어야만 그림책 질문놀이라고 할 수 있다. 그림책 질문놀이에서 그림책 읽기란 보고 듣고 질문하고 생각하고 표현하는 것이다. 이 과정을 거칠 때 영유아 중심 읽기와 주도적 놀이가 일어나기 때문이다.

좋은 그림책을 선정하여 재미있게 읽고 놀이할 수 있는데 굳이 질문놀이를 해야 하는 이유는 무엇일까?

총체적 언어 교육의 문학적 접근을 강조한 스틀릭랜드 (Stlickland, 1991)는 "어린이는 좋은 그림책을 통해 본문을 가지고 생각하는 데에 몰두하게 된다"고 했다. '본문을 가지고 생각하는 것'이란 어린이는 그림책의 본문을 읽으며 생각하고, 읽은 것을 반영하여 생각하게 되는 관계를 갖게 된다는 것이다. (《총체적 언어》, 이경우, 창지사)

그림책 질문놀이에는 그림책을 읽으며 생각하고, 읽은 것을 반영하여 생각하게 하는 '질문'이 있다. 질문은 자연스럽게 생각의 길로 향하는 창문이며, 생각은 아이를 자율적이고 주도적이게 한다.

그림책 질문놀이의 꽃은 마음 읽기와 생각 더하기이다.

그림책 속 등장인물에 대해 어떤 생각을 하고 있는지 질문한다. 주인공뿐만 아니라 작은 역할의 등장인물에 대해서도

'어떤 마음일까?'라고 질문하고 왜 그렇게 생각하는지 다시 질문한다. 이러한 질문으로 시작하는 언어적 상호작용을 통해 아이는 타인에 대해 정서적 공감을 하게 되고 자기의 감정을 이해하게 된다.

일하는 개미는 놀고 있는 베짱이를 보며 어떤 마음이었을까요?

추운 겨울 먹이가 없는 베짱이는 무슨 생각을 했을까요?

개미와 베짱이를 만난다면 어떤 말을 하고 싶은가요?

개미와 베짱이를 읽고 마음이 어땠을지 질문하고 생각하도록 한다. 이 과정은 공감 능력은 물론 사고의 유연함을 갖게 한다.

물론 영유아와의 언어적 상호작용은 일상에서 매시간 일어나야 한다. 하지만 아이들이 흥미와 관심을 갖는 그림책을 활용할 때 다양한 정서적 경험과 질적으로우수한 언어적 상호작용이 가능해진다.

질문은 언어적 상호작용을 긍정적인 상호작용으로 만들어 준다. 그림책으로 '질문놀이'를 하는 동안 아이와 끊임없는 언어적 상호작용이 이루어진다. 긍정적인 언어적 상호작용은 그림책 질문놀이를 통해 얻을 수 있는 가장 큰 장점이며 질문놀이를 하는 중심적 이유이다.

아이는 부모나 교사와의 언어적 상호작용을 통해 자기의 감정과 생각을 전달하게 된다. 부모나 교사와의 언어적 상호작용이 어떻게 이루어지느냐에 따라 아이의 생각 범위와 감정표현 방식이 달라진다.

그림책 질문놀이를 통한 언어적 상호작용은 영유아의 총체적 언어 발달은 물론 공감 능력과 창의성 발달에 영향을 미친다.

그림책 질문놀이로
놀이해요

그림책은 쉽게 읽고 깊게 생각하기에 좋아서 아이부터 어른까지 질문놀이를 시작하기에 안성맞춤이다. 좋은 그림책을 찾았다면 이제 그림책으로 질문놀이를 해보자.

앞에 소개한 놀이들로 질문에 익숙해졌다면 이제 본격적으로 그림책으로 질문놀이 하는 방법을 소개해 보겠다.

그림책으로 질문놀이를 시작하는 것은 어렵지 않다. 처음에는 다소 생소하고 낯설겠지만, 그림책 질문놀이 모형이 제시하는 대로 천천히 따라하기만 하면 된다.

권문정(2017)은 《하브루타 질문놀이터》에서 하브루타 수

업의 일반적인 모형이 아닌 유아 발달에 따른 그림책 하브루타 모형 6단계를 제시했다.

'그림책 하브루타 모형'은 전성수 박사의 질문 모형을 기본으로 하되, 그림책 질문놀이를 위해 수정 보완한 모형이다. 동기, 내용, 마음, 생각, 실천, 표현의 6단계이다. 단계마다 그림책으로 아이와 대화하고 질문하고 생각을 표현하기에 좋은 모형이다. '그림책 하브루타 활동 모형'은 그림책 질문놀이를 쉽게 적용할 수 있는 길라잡이가 된다.

그림책 적용	유아 그림책 하브루타 모형	세부 설명
그림책 내용 읽기 전	동기 하브루타	표지 앞뒤를 보며 내용 유추하기
그림책 내용 읽은 후	내용 하브루타	내용 속 상황을 이해하기
	마음 하브루타	등장인물들의 마음을 공감, 역지사지하며 마음 자라기
	생각 하브루타	책 속의 내용을 넘어 더 깊게 생각 자라기
	실천 하브루타	생활 속에서 실천하기
그림책 하브루타 정리	표현 하브루타	말로 다 하지 못한 여러 생각을 표현 활동으로 정리하기

그림책 질문놀이를 처음 시작한다면 그림책 하브루타 모형 6단계를 중심으로 재구성한 4단계를 적용해 볼것을 권한다.

☆그림책을 읽기 전 그림책에 대한 호기심과 흥미를 유발하기 위해 동기 질문놀이를 시작한다.

☆그림책을 읽은 후에는 내용 속 상황을 이해하기 위한 내용 질문놀이를 한다.

☆이야기의 흐름을 이해 했다면 등장인물이나 일어난 사건에 대해 마음과 생각을 묻는 마음, 생각 질문놀이를 한다. 마음, 생각 질문놀이를 통해 공감 능력과 사고력 기를 수 있게 된다.

☆마음 생각 질문놀이로 깨달음이나 알아차린 것을 실천 적용할 수 있는 방법과 표현 질문놀이로 마무리한다.

【영유아 그림책 질문놀이 4단계】

1단계 동기 질문놀이

동기 질문놀이는 그림책에 대한 호기심과 흥미를 유발하는 단계이다.

그림책 내용의 궁금증을 더하기 위해 책표지를 먼저 읽는다. 표지는 그림책 앞표지뿐만 아니라 뒤표지 그리고 면지도 포함된다. 그림책 앞표지의 그림은 뒤표지와 연결되기도 하며, 앞뒤 표지가 각각의 내용을 담기도 한다. 그림책 표지의 그림은 그림책의 내용을 암시하기도 하고, 내용과 전혀 다른 그림이기도 하다.

표지의 배경과 색, 그림과 제목을 탐색하며 '요!요? 놀이'나 '배등제질 놀이'를 한다. (2장 질문과 친해지는 놀이 참조)

'무엇이 보이니?' '무엇을 하고 있니?'라고 질문하여 표지의 그림이나 색, 글자, 모양 등을 관찰하게 한다. 표지를 살펴보는 동기 질문놀이는 그림책에 대한 호기심을 갖게 한다.

2단계 내용 질문놀이

내용 질문놀이는 그림책의 내용 파악을 위해 질문하는 단계이다. 그림책을 읽을 때는 글보다는 그림을 먼저 읽도록 한다. 그림을 읽으면서 그림의 의미를 파악하고 내용을 유추한다.

그림을 읽었다면 그림책의 처음을 펼치고 글을 읽으면서 앞뒤 내용을 이해한다.

그림책에서 일어난 사실에 대해 육하원칙으로 질문하여, 그림책의 글과 그림의 내용을 파악하고 이해를 돕는다. 내용을 파악하고 이야기의 흐름을 이해해야만 다음 단계로 진행할 수 있다.

- '언제, 어디서, 누가, 무엇을, 어떻게, 왜?'에 의한 질문
- 시각, 청각, 촉각, 미각, 후각에 대한 질문
- 장면을 순서대로 놓아보기
- 내용으로 ○, × 퀴즈 하기

3단계 마음, 생각 질문놀이

마음 질문놀이는 등장인물의 마음이 되어보는 단계이다.

등장인물의 입장에서 그들의 마음이 되어보는 것은 타인을 이해하는 과정이다. 타인을 이해하는 것은 공감과 배려의 출발을 의미한다. 주인공 이외에 그림책에 등장하는 여러 인물에 대해 각각의 마음이 되어본다.

'어떤 마음일까?' '왜 그렇게 말했을까?' '왜 그렇게 행동했을까?' '왜 이런 표정을 지었을까?'의 질문으로 등장인물의 마

음을 유추해 본다.

생각 질문놀이는 그림책에 없는 내용까지도 더 깊게 생각하고 상상해보는 단계이다.

그림책의 글과 더불어 그림은 그림책의 내용을 더욱 풍성하게 하고 상상의 날개를 펼치게 한다. 보이는 그림을 바탕으로 보이지 않는 부분을 자기 나름대로 생각할 수 있다.

그림책 속의 사건, 인물에 대해 이야기 나누며 가정법(만약~라면)을 사용한 상상 질문이나 문제 해결 질문을 한다.

상상 질문은 '왜 그랬을까?' '만약 ~라면?' '만약 ~했다면?' '만약 ~한다면?'이다. 문제 해결 질문은 '어떻게 해야 할까?' '가장 좋은 방법은?' '더 좋은 방법은 없을까?'이다. 상상 질문과 문제 해결 질문은 전혀 다른 줄거리를 만들거나 생각지 못한 결말을 만든다. 상상 질문은 비교와 분석을 하면서 사고의 유연함과 융통성을 기른다.

4단계 실천 표현 질문놀이

마음, 생각 질문놀이에서 얻은 느낌과 생각을 생활 속에서 어떻게 실천할 것인지를 질문 대화하고 표현하는 과정이다.

일상의 경험과 연관 지어 '나는 어떻게 할 것인가?' '우리는 어떻게 하면 좋을까?'라는 질문을 한다. 언제, 어디서, 어떻게 실천할 것인지 이야기 나누고 친구와 가족, 이웃에게 실천할 것을 찾는다. 자기의 생각과 느낌을 글, 그림, 동극, 동요, 신체, 놀이 등으로 다양하게 표현하는 놀이 과정은 곧 배움으로 연결된다

실천 표현 질문놀이는 어디서 어떻게 놀이할 것인지에 대한 전권을 아이에게 주어야 한다. 그러기 위해서는 아이들과 질문을 주고받으며 놀이에 대한 계획을 함께 세워야 한다.

만 0세부터 만 5세까지 영유아 연령별 질문놀이 이렇게 하세요

3장

영유아 발달 시기별
질문놀이 이렇게

짧은 소리음으로
세상을 다 설명할 수 있는 너
(만 0~1세)

> 으으… 으어…, 비슷비슷한 소리음만 내는 너!
> 그래도 선생님은 다 안다.
> 네 눈빛과 표정, 몸짓을 보면.
> 제일 좋아하는 공을 보고 있구나!

은우가 소리 없이 교실을 둘러보기 시작한다.

어떤 놀잇감이 은우의 마음을 사로잡을까? 바라보는 교사도 궁금하여 은우의 시선을 쫓아간다. 은우는 두리번두리번 탐색이 끝난 듯 교구장 바구니에 담겨있는 빨간 공에 시선이 멈춘다. 교구장 쪽으로 몸을 움직여 빨간 공이 담겨있는 바구니를 잡아당긴다. 바구니가 잘 꺼내지지 않는지 몇 번 당겨 보더니, 교사를 바라보며 "으으, 어어" 큰 소리를 낸다. 은우를 유심히 바라보던 교사는 재빨리 은우에게 말한다.

"은우가 빨간 공을 꺼내고 싶었구나! 그런데 바구니가 잘 안 꺼내졌어? 선생님이 도와줄까?"

아이들의 행동에는 반드시 이유가 있다. 잠시라도 시선이 머물지 못하면 알 수 없다. 선생님들은 가끔 눈이 더 많았으면 좋겠다는 생각이 든다고 한다.

만 0~1세는 애착이 형성되는 중요한 시기이다.

애착의 대상은 당연히 부모이다. 부모에게 받은 관심과 사랑으로 아이는 신뢰감을 형성한다. 부모와의 탄탄한 신뢰감은 다른 사람과 건강한 관계를 맺는 기초가 된다.

영아의 애착은 부모의 즉각적이고도 긍정적인 반응으로부터 형성된다.

영아는 자기의 느낌과 요구를 울음, 쿠잉, 옹알이 등 짧은 소리음으로 표현한다. 아이가 소리나 행동으로 신호를 보낼 때를 놓치지 말아야 한다. 다정하게 눈을 맞추고 소리음을 따라

하며 반응해 줄 때 긍정적인 감정과 정서를 느끼기 때문이다.

이 시기에는 장난감처럼 시각 청각을 자극하는 그림책이나 부모와의 애정을 표현하는 그림책이 좋다. 영아들은 그림책을 소리 내어 읽어주거나 만져보기, 들여다보기, 넘겨보기 등의 물리적 특성을 탐색하는 활동 장난감으로 활용한다. 그러므로 감각적으로 보고, 듣고, 만질 수 있는 경험을 제공하는 그림책과 운율이 있는 그림책을 선택하는 것이 좋다.

이 시기의 그림책 질문놀이 패턴은 부모나 교사가 자문자답하는 형식이다. 아이들은 부모의 의미 있는 말에 반응한다. 이때 부모의 목소리나 말투 억양 등은 듣는 아이에게 좋은 감정으로 편안함을 주어야 한다. 아이의 비언어적 표현에 민감하게 반응하고 따뜻한 말로 건네어 신뢰와 애착을 쌓는 것이 이 시기의 하브루타이다.

초점사운드북/ 블루래빗

아기 첫 친구 코야/ 블루래빗

누가 숨었지?/ 애플비

아가야 사랑해/ 쉼어린이

만 0~1세 질문놀이는 이렇게

1. 영아의 짧은 소리음이나 행동에 눈을 맞추고 질문으로 반응한다.

(우유를 바라보며) "맘 마 마 마."

"아~ 우리 아기가 배가 고프구나~ 우유 먹을까?"

"우유가 어디에 있나?"

"맛있는 우유는 누가 먹을까?"

(문을 바라보며) "으으 어어."

"문을 열어 볼까?"

"문을 열면 무엇이 있을까?"

"문을 열어 보니 인형이 있네!"

(자동차를 가리키며) "부브브브 부부."

"붕붕 자동차가 어디로 갈까?"

"아빠 자동차 타고 어디에 갈까?"

"자동차에 누가 타고 있지?"

(엄마를 바라보며) "엄···마마···."

"엄마가 어디에 있나?"

"엄마 눈은 어디 있을까?"

"엄마 손은 반짝반짝 어디 있어?"

"사랑하는 우리 아가는 어디 있지?"

영아의 몸짓과 옹알이의 의미를 알아채고 표현해주며 의미를 부여하여 질문한다. 영아가 관심을 두는 곳에 초점을 맞추어 질문으로 말놀이한다.

2. 쉬운 동요에 아이 이름을 넣어 개사해서 부른다.

(산토끼)

민준아 민준아, 어디를 가느냐?

깡충깡충 뛰면서 어디를 가느냐.

민준아 민준아, 배가 많이 고프지?

맛있는 우유 먹고 튼튼하게 자라렴.

(나비야)

민준아 민준아, 기저귀가 젖었나요?

살~짝 기저귀 갈아줘도 될까요?

(어디 있나?)

민준이 눈은 어디 있나? 여기

민준이 코는 어디 있나? 여기.

손가락은 어디 있나? 여기.

발가락은 어디 있을까? 여기.

반복되는 식사, 기저귀 갈이, 낮잠, 씻기 등의 상황에서 리듬이 쉽고 반복되는 동요를 개사하여 부른다. 노래는 마음을 주고받는 사랑의 에너지를 전달하여 정서적 안정감을 느끼게 한다.

동요 선생님으로 불리는 백창우 동요 작곡가는 이렇게 말했다. "아이들은 노래와 함께 자랍니다. 노래 하나하나는 나무의 결처럼 마음에 새겨집니다. 좋은 노래는 좋은 사람을 만듭니다. 좋은 노래는 좋은 세상을 만듭니다."

3. 오감 질문놀이

"민준아, 사과에서 무슨 냄새가 날까?"

"달콤한 냄새가 나는구나!"

"민준아, 바나나를 만지니까 느낌이 어때?"
"미끌미끌 손가락 사이로 바나나가 들어오네?"
"어? 이건 무슨 소리지?"
"바스락바스락 어디에서 나는 소리일까?"

"빨간 토마토는 무슨 맛일까?"
"토마토가 달콤하니 맛있네"

"상추 뒤에 누가 있을까?"
"까꿍, 상추 뒤에 민준이 얼굴이 보이네."

과일(사과, 배, 바나나 등), 채소(토마토, 호박, 고구마, 상추, 피망 등), 쌀, 미역, 국수, 밀가루, 쌀 튀밥, 비닐 팩 등 주변의 다양한 재료를 이용해 아이와 오감 질문놀이를 한다. 오감 질문놀이는 오감 즉, 시각, 청각, 후각. 미각, 촉각에 관한 질문을 하고, 아이가 들을 수 있게 정확한 표현으로 말해주는 것이 중요하다.

세상 모든 것이 새로운 너
(만 1~2세)

'이거 뭐야?'를 무한 반복 외치는 너!
너의 눈에 보이는 세상이 너무도 새롭지?
새로움을 알아가는 너의 눈망울이 빛나는구나.

"뭐야? 이거 뭐야?"

지한이는 그림책을 보고 있는 민준이 옆에서 손가락으로 돌고래를 가리키며 교사를 본다.

"그러게, 이게 뭘까요?"

교사의 질문에 지한이는 오른손 손바닥과 왼손 손바닥을 붙였다 벌리며 "이거?"라고 말한다. 교사는 "아~ 지한이가 좋아하는 상어구나"라고 말해주고는 "아기 상어 뚜루루~"하며 노래를 불렀다. 그러자 지한이가 "아니야!" 한다. 교사는 노래를 멈추고 "그럼 누구일까?"라고 물었다. 지한이는 "엄마!!"라고 말하며 교사를 바라본다.

"아하~ 엄마 상어구나."

교사의 말에 지한이는 고개를 끄덕이며 웃는다.

만 1~2세는 무엇이든 새롭게 시도하여 알아내고 싶어 하는 시기이다.

언어 표현이 증가하여 사물의 이름을 배워가는 명명 폭발기를 맞는다. 또 간절한 표정과 몸짓으로 자신의 요구를 표현하기 시작한다. 신체 조절 능력이 발달하여 궁금한 곳으로 이동할 수 있게 된다. 이것저것에 관심이 커져 알아가는 재미에 흠뻑 빠져든다.

또한 이 시기는 눈앞에 없는 대상을 표상하는 상징적 사고가 발달하기 시작하여 동물 흉내 내기, 인형 우유 먹이기, 전화받기, 운전하기 등의 상징 놀이를 한다.

다양한 언어활동과 신체활동을 통해 개념을 획득하게 된다. 눈에 보이는 모든 것들이 무엇이든지 일단 "이게 뭐야?"라고 물어본다. 한두 단어에서 간단한 문장으로 말할 수 있어서 부모는 아이의 말을 명료화하여 개념을 정리해주는 것이 필요하다.

이 시기에는 반복되는 단어나 문장, 의성어, 의태어가 많이 사용된 그림책을 찾아 보여주면 좋다. 생활 주제(가족, 목욕, 음식, 배변, 동물) 그림책, 촉감 책, 사운드북이 적당하다. 반복되는 단어나 의성어 의태어를 자주 들으면 아이는 언어의 이해가 높아지고 표현 능력이 좋아진다.

그림책 질문놀이를 하면서 음률에 따라 읽어주고 아이가 관찰이 가능한 질문을 한다. 이런 과정을 통해 아이는 수용 언어가 많아지게 되고 이에 따른 표현 어휘가 조금씩 늘어나게 된다. (만 1~2세를 위한 그림책 표 참고)

만 1~2세 질문놀이는 이렇게

1. 만 1세의 질문은 단순하고 한정적이므로 교사가 질문을 다양하게 들려준다.

-영아는 고갯짓으로 끄덕이거나 '응' '아니' '엄마랑 했어.'

《만 1~2세를 위한 그림책》

그림책	글/그림	출판사	한 줄 내용
두드려보아요	안나클라라티돌름	사계절	작은 집 문을 두드리면 누가 있을까요?
누구 얼굴?	김정희/김유대	사계절	동물 얼굴을 따라 해보아요
누구 엉덩이?	김정희/김유대	사계절	엉덩이를 보고 동물 친구를 찾아요
뽀뽀 쪽	김현	베틀북	뽀뽀~쪽!! 동물들은 어떻게 뽀뽀할까요?
아가야, 사랑해	김지연/엄마달	쉼어린이	여러 어미와 새끼 동물들의 사랑을 보여주고 엄마도 아가에게 사랑한다고 말해요
엄마 꼬리 찾기	베랑제르 들라포르트	키즈엠	아기코끼리가 잃어버린 엄마를 꼬리로 찾는 이야기
지금은 목욕 시간	피오나 갤러웨이	키즈엠	즐거운 목욕 시간 무엇을 준비해야 할까요?
누구 발자국이야?	심조원/이우만	호박꽃	아기 동물들의 발자국 이야기
내가 내가 할래요!	앤드류 대도	키다리	엄마! 나도 혼자 할 수 있어요! 내가 할 거예요!
혼자서 입어요	손정원/심미아	더큰	혼자 옷 입기에 도전하는 곰곰이 이야기
응가, 안녕!	유애순/권사우	길벗어린이	배변 훈련을 시작하는 아기들을 위한 그림책
응가하자, 끙끙	최민오	보림	기저귀에서 변기와 친해지는 이야기
사과가 쿵	다다 히로시	보림	숲속에 떨어진 사과를 곤충과 동물들이 나눠 먹어요
안녕, 내 친구	로드 캠벨	보림	동물원에서 어떤 친구를 보내주었을까요?
잠잠이가 와요	젤리이모	한림	하품 소리가 들리면 잠잠이가 찾아옵니다
누구게?	세바스티앵 브라운	시공주니어	감추어진 친구들은 누구일까요?

등 간단하게 대답할 수 있다.

　-일상생활과 관련된 질문을 많이 들려준다.

　-영아들이 놀잇감을 가져오거나 놀이하는 모습을 볼 때 긍정적으로 질문한다.

2. 친숙한 노래나 손유희로 관심을 끈다.

　-비언어적으로 표현하는 영아들에게 그림책에 관심을 갖도록 유도한다.

　-그림책 속의 그림과 연관 지어 노래나 손유희로 시작한다.

3. 그림책 표지(앞, 뒤)를 보며 질문한다.

"뭐가 있어?"

"뭐 하고 있을까?"

"뭐라고 말하는 것 같아?"

"어디서 봤어?"

4. 비언어로 표현하는 영아의 행동을 잘 관찰한다.

　-영아들의 행동을 문장으로 읽어주고, 질문형으로(~ 요?) 바꿔 말한다.

–놀이가 연결되고 확장될 수 있도록 관찰하고 지원한다.

5. 문장 명료화하기

교사가 질문하면 아이들은 단답형으로 대답한다. 아니면 다른 관심을 찾아 이동하기도 한다. 영아의 비언어적 표현이나 단어로 표현할 때 즉시 완성된 문장으로 명료화해준다.

배변 훈련이 한창인 영아들과 배변 그림책을 같이 보았다.

"친구가 뭐 하는 걸까?"

(영아가 얼굴에 힘을 주며) "응! 있어."

(영아의 모습을 따라 하며) "응! 하며 힘주고 있구나. 왜 힘을 주고 있어?"

(화장실을 가리키며) "여기."

"아하, 화장실에서 응가 하고 있구나!"

(교사가 두 주먹을 모아 힘을 주는 흉내를 내며) "응가 하자, 응가. 배에 힘을 주면~."

"선생님 바나나야."

"바나나 모양의 똥이 나왔네."

(웃으며) "친구 응가가 바나나야."

(얼굴 가득 힘을 주고) "똥 나왔다 빠빠 안녕."

"변기에 앉아서 힘을 주니까 똥이 나왔구나. 변기 물을 내리면 똥이 안녕 하고 없어지네."

6. 그림책을 숨기는 장치를 활용한다.

새로운 것에 관심이 커지는 영아는 흥미롭지 않은 것에는 바로 시선을 돌린다. 영아와 질문놀이 하기 위해서는 먼저 그림책이 재미있어야 한다. 여기서 재미란 영아의 흥미와 관심을 끌 수 있는 여러 가지 요소들을 말한다.

그림책을 읽어주는 목소리의 변화로 흥미를 갖게 하는 것 외에 손쉽게 그림책 장치만으로도 영아의 관심을 끌 수 있다.

그림책 장면을 포스트잇으로 가리기

영아의 그림책 그림은 단순하고 선명한 것이 특징이라 그림을 가리기에도 적합하다. 그림 일부를 포스트잇으로 가린다. 교사는 그림이 무엇인지 영아가 유추할 수 있도록 질문한다. 영아가 포스트잇을 한 장씩 떼면서 그림이 무엇인지 말한다.

포스트잇 대신 우유갑처럼 두꺼운 종이를 사용하여 여닫을
수 있게 종이의 윗부분만 테이프로 고정하기도한다.

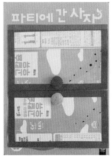

징검다리 그림책

-그림책 표지나 중요 장면을 크게 확대 복사하여 벽에 붙인다.

-바닥에 순서대로 붙여준다.

-영아들이 그림책을 밟고 지나가면서 본다.

-영아들이 자유롭게 놀다가도 그림책에 관심을 보이게 된다.

-"이거 어디에 있을까?" "뭐지" "또 어디에 있을까?"라고 질
문하여 같은 그림을 찾도록 한다.

'싫어'로 감정을 표현하는 너
(만 2~3세)

좋든 싫든 일단 '싫어' '아니야'를 먼저 말하고 보는 너!
거울 속의 나를 알아보고 엄마와 나를 분리해가는 너
꿈틀거리는 존재감을 그렇게 표현한다는 걸
엄마는 안단다.
'싫어' 뒤에 숨어있는 진짜 의미가
거절만 아니라는 걸 알아.

"나두 놀자."

"싫어."

코코 블록으로 오물쪼물 열심히 손을 놀리며 예나가 무언
가를 만든다. 옆에 서 있던 수빈이가 "나두 놀자" 하며 예나에

게 말을 걸자 예나는 수빈이를 쳐다보지도 않고 "싫어"라고 말한다. 마음 상한 수빈이는 울먹이며 "선생님 예나가 블록 안 줘요"라며 울먹인다.

"예나한테 한 번 더 부탁해보면 어떨까?"라는 교사의 말에 수빈이가 다시 예나에게 말한다.

"예나야, 블록 하나만 줄래?"

"싫어."

선생님의 예상과 달리 예나는 싫다고 한다. 수빈이는 울음보가 터지기 일보 직전이다.

"예나야, 수빈이도 블록이 필요한데 어떻게 하면 좋을까?"

선생님의 물음에 예나는 수빈이를 바라보더니 노란색 블록 하나를 들어 수빈이에게 준다. 블록을 받아든 수빈이가 빙그레 웃는다.

선생님은 수빈이에게 "예나가 장난감을 주니 기분이 어때?"라고 물었다. 수빈이는 "기분이 좋아요. 예나야 고마워"라고 웃으며 말한다. 수빈이의 말을 들은 예나도 수빈이를 보며 웃는다.

만 2~3세는 자의식이 표현되고 다양한 정서 표현이 가능해지는 시기다.

울음보다는 말이나 행동으로 자기 표현을 한다. 감정 조절이 미숙하여 쉽게 화를 내거나 '싫어'라고 거부 의사를 표현한다. 좋아하는 사람에게 관심을 표현하고, 친구와 노는 것을 즐긴다. 그러나 감정의 변화에 따라 친구와 다투는 일이 종종 일어난다. 이때 자기의 감정을 조절하고 감정을 언어로 표현하도록 도와주어야 한다.

아이가 속해 있는 주변의 모든 것에 호기심이 많아지는 시기로 질문도 많아진다.

이 시기는 감정 표현을 주제로 하는 그림책을 선택하면 좋다. 색과 모양이 다채롭고, 반복적인 단어와 단순한 줄거리의 일상 이야기(가족, 목욕, 음식, 동물)를 다룬 그림책이 좋다.

색깔 그림책, 감정 그림책이 만 2~3세 그림책으로 적절하다. 이런 그림책으로 질문놀이를 하면 아이는 자기의 감정을 이해하고 타인의 감정에 관심을 갖게 된다. 또래와 놀이에 관심이 높아지는 시기여서 질문놀이를 통해 수용 언어는 물론 표현 언어가 발달하게 된다. 사회성 발달에도 도움이 된다. (만 2~3세를 위한 그림책 표 참고)

《만 2~3세를 위한 그림책》

그림책	글 / 그림	출판사	한 줄 내용
너는 어떤 씨앗이니?	최숙희	책읽는곰	바람에 흩날리던 씨앗은 어떤 꽃이 되었을까요?
나랑 같이 놀래?	최용은	키즈엠	낯선 친구와 친해져요
내가 좋아하는 것	앤서니 브라운	웅진주니어	내가 좋아하는 것을 소개해요
표정으로 말해요	히라기 미츠에	키즈엠	표정이 변하는 그림책
무슨 색깔이 좋아?	마이크 오스틴	키즈엠	몬스터들이 색깔 놀이를 하고 있어요
기분을 말해봐!!	앤서니 브라운	웅진 주니어	'기분이 어때?' 침팬지는 여러 상황에서 느끼는 다양한 감정을 하나씩 이야기한다
손 대지마	셉데이비/알렉스 윌모어	에듀앤테크	친구와 나누는 기쁨을 알려주는 이야기. 마이키의 재미있는 표정이 돋보이는 책
엄마가 바빠보여서 그랬어요	마르티네 반 니우엔하위젠	에듀앤테크	바쁜 엄마 상황을 이해하고 서툴지만 엄마를 위해 노력하는 토리의 마음을 엿볼 수 있어요
상자가 좋아	송선옥	봄봄출판사	상자 하나로 여러 다양한 놀이를 해요
빨간 딸기	이여희	봄봄출판사	색깔 놀이책
넌 (안)작아	강소연/크리스토퍼 와이언트	풀빛	작다, 크다는 누가 결정하는 걸까요?
우리도 강아지 키워요!	예카테리나 트루칸	키즈엠	강아지를 기르고 싶어하는 패트, 동물에 대한 사랑과 책임감을 배워요.
기분을 말해요, 미스터 판다	스티브 앤터니	올파소	지금 나의 기분이 어떤지 말해보아요
우리 엄마	앤서니 브라운	웅진 주니어	우리 엄마와 만날 수 있었다는 것은 세상에서 가장 멋진 기적이에요

만 2~3세 질문놀이는 이렇게

1. 감정 표현의 언어를 통해 자기의 감정을 이해한다. 감정을 이해하는 아이는 자기의 감정을 조절하고 타인을 배려할 줄 알게 된다.

감정 신호등

(빨강 파랑 노랑 색종이를 준비한다.)

"오늘 너의 기분은 어떤 색이니?"

"빨강이요."

"왜 빨간색을 골랐어?"

"빨간색처럼 화났어요."

2. 영아들은 "기분이 어때?"라고 물으면 "좋아요" "싫어요"라고 대답한다. 왜 그런지 이유를 말하기는 어려우므로 교사가 문장으로 명료화해주어야 한다.

"민준이 오늘 기분이 어때?"

"좋아."

"민준이 기분이 좋구나. 오늘 어떤 기분 좋은 일이 있었을 까?"

"신발….."

"아하, 불 들어오는 새 신발을 신고 와서 기분이 좋구나."

3. 일상이나 놀이 상황에서 습관적으로 질문하고 대답하는 모습을 보여준다. 그것만으로도 영아들의 궁금증을 유발할 수 있다. 영아들이 질문 패턴에 익숙해지도록 지속해서 모델링 해 준다.

"네 생각은 어때?"

"나는 ~라고 생각해."

"왜 그렇게 생각해?"

"왜냐하면 ~ 때문이야."

"아하! 그렇구나."

4. 교사가 먼저 예상되는 그림책 질문놀이를 계획한다.

영아들은 자발적으로 질문을 만들어 놀이로 연결하기 어렵 다. 따라서 교사가 예상한 질문으로 놀이를 시작할 수 있다. 놀 이가 영아 중심으로 확장될 수 있도록 관찰하며 지원한다.

5. 아이들이 어떤 질문에 흥미로워하는지 파악한다.

질문에 관심을 보이며 감정을 담아서 반응한다면, 꼬리에 꼬리를 무는 질문을 이어간다.

6. 그림책의 내용을 넣은 손유희를 한다.

손유희를 만들면 그림책에도 자연스럽게 관심을 보인다. 아이들과 그림책 내용과 줄거리를 넣어서 동요나 손유희로 바꾸어 본다. 익숙해지면 아이들이 가사를 직접 넣어서 만들 수 있게 된다.

내가 그린 동그라미   안영은 작사/ 박상문 작곡

〈원가사〉

스케치북 속에 내가 그린 동그라미
어느 봄날 우리 집에 놀러 왔어요
동글동글 동그라미 어서 오세요
동글동글 착하게도 생겼습니다
동글동글 동그라미 어서 오세요.
어서 오세요

〈개사〉

스케치북 속에 내가 그린 정유빈
어느 봄날 씩씩하게
햇님반에 왔어요
달리기를 잘~하는 정유빈
김치도 잘 먹는 정유빈
예쁘게 웃는 정유빈
너무 좋아요~

선생님: 노래 속에 어떤 말이 기억나요?

영아1: 동글동글이요.

영아2: 스케치북이요.

선생님: 동글동글 동그라미, 스케치북이 나왔지? 그럼 우리가 손동작을 만들어보면 어떨까?

영아1, 영아2: 좋아요.

선생님: 스케치북은 어떻게 할까?

영아2: 스케치북은 네모니까? 이렇게 해요. (양손으로 네모를 만든다)

선생님: 그럼 '우리 집에 놀러 왔어요'는 어떻게 하면 좋을까?

영아2: 세모로 해요. (양손으로 세모를 만들어 지붕 모양을 표현한다)

선생님: 그럼 '동글동글 동그라미 어서 오세요'는 어떻게 하면 좋을까?

영아2: 동그라미 이렇게 해요. (양손을 엄지와 검지로 동그라미를 만들어 돌린다)

영아1: '어서 오세요'는 이렇게 해요. (양 손바닥을 위로하고 손가락을 접었다 폈다 한다)

선생님: 왜 그렇게 생각해?

영아1: 왜냐하면 우리 엄마가 부를 때 손을 이렇게 해요.

선생님: 아 그렇구나! 그럼 '착하게도 생겼습니다'는 어떻게 할까?

영아2: (양손바닥을 얼굴에 대고 꽃받침을 하며) 이렇게 하면 어때요?

영아1: 그리고 웃어야 해요.

선생님: 왜 그렇게 생각해?

영아1: 왜냐하면 웃어야 예쁘니까요.

선생님: 아 그렇구나! 그럼 우리가 만든 손유희로 노래를 불러볼까?

영아1: 네 좋아요.

궁금해 궁금해 모든 것이 궁금한 너
(만 3~4세)

궁금할 때도,
상상력이 발동할 때도,
심지어 심심할 때도
왜요? 잔치를 벌이는 너!
네가 초대한 호기심 천국 '왜요?' 잔치에
기꺼이 함께 할게.

"선생님 빨리요"

전날 만들어 놓은 바람개비를 돌리고 싶은 아이들이 나가 자고 서두른다. 아이들은 신나게 바람개비를 들고 뛰기 시작했다. 살랑 부는 바람에 바람개비가 빙글빙글 움직이는 모습을 지아가 한참 동안 바라본다.

"선생님, 바람개비가 뱅긍뱅글 돌아가요. 정말 신기해요."

"정말 신기하다. 바람개비가 뱅글뱅글 움직이고 있네."

교사의 말이 끝나기도 전에 지아는 다시 묻는다.

"선생님, 바람개비가 왜 계속 계속 움직여요? 바람 때문에 움직이는 거예요?"

"지아가 멋진 생각을 했구나. 바람개비가 어떻게 뱅글뱅글 돌아갈까?"

"바람이 돌리는 거예요"라고 말하며 지아는 바람개비를 들고 뛰어간다.

"인형은 왜 말을 안해요?"

"산타할아버지는 왜 겨울에 와요?"

"비행기는 왜 하늘을 날아요?"

"밤은 왜 깜깜해요?"

만 3~4세는 궁금증과 호기심이 증폭하는 시기이다.

그래서 "왜요?" "왜 그래요?" "어떻게요?" 등의 질문을 많이 한다. 부모는 아이의 궁금증을 친절하게 말해주거나 아이와 함께 찾아보는 시간을 가져야 한다.

상상놀이를 즐기는 시기여서, 상상과 사실을 넘나들며 이야기를 만들어 낸다. 또래 친구들과 노는 것을 즐거워 하며 다른 사람의 감정을 이해하게 된다. 친구들과 놀면서 필요한 규칙을 만들거나 지킬 수 있다.

만 4세가 되면 어떠한 상황에서 결과를 예상할 수 있으며 논리적으로 시도하려고 한다. '왜 그렇게 생각해?'의 질문에 자기 생각을 말할 수 있다.

이 시기는 아이가 흥미로워하는 다양한 주제에 관한 정보가 있는 지식(바다, 동물, 공룡 등) 그림책이나, 상상할 수 있는 이야기 중심의 그림책, 글 없는 그림책이 좋다. (만 3~4세를 위한 그림책 표 참고)

그림책 질문놀이를 통해 질문과 대화가 많아지면 아이는 사물과 상황에 대한 이해의 폭이 넓어지게 된다. 호기심을 자극하는 질문으로 대화하면 아이의 상상력은 점점 커지게 되며, 자기의 생각을 말로 표현하는 능력이 발달하게 된다.

《만 3~4세를 위한 그림책》

그림책	글 / 그림	출판사	한 줄 내용
먹고 말 거야	정주희	책읽는곰	배고픈 개구리가 파리를 쫓아가요. 이번엔 먹고 말 거야!
수박씨를 삼켰어!	그렉 피졸리	토토북	수박씨를 삼킨 악어. 몸 속에 들어간 수박씨가 어떻게 될지 상상해요
나뭇잎 아저씨	로이스 엘럿	대교소빅스	바람에 날아가는 나뭇잎 아저씨의 여행
팥죽 할머니와 호랑이	조대인/최숙희	보림	할머니와 호랑이가 팥밭매기 시합을 하고 여러 물건들이 할머니를 도와 호랑이를 이기고 쫓아내요
눈사람 아저씨	레이먼드 브릭스	마루벌	글 없는 그림책. 소년과 눈사람 아저씨의 환상적인 여행
이슬이의 첫 심부름	쓰쓰이 요리코	한림출판사	다섯 살 이슬이가 처음으로 혼자서 엄마 심부름을 가며 여러 가지 경험을 해요
숲 속 작은집 창가에	유타 바우어	북극곰	숲 속 작은집에 누가 찾아왔을까요?
기분을 말해봐	앤서니 브라운	웅진주니어	침팬지가 여러 상황에서 느끼는 다양한 감정을 하나씩 이야기해요
딱 한 개인데 뭐	트레이시 코드로이 / 토니릴	에듀앤테크	동물들이 사는 마을에서 벌어지는 더불어 사는 법에 대한 이야기
까만 크레파스와 요술기차	나카야 미와	웅진주니어	까만 크레파스와 친구들이 버스, 배, 그리고 요술 기차와 함께하는 신나는 모험
왜요? 왜요?	조니 램버트	키즈엠	아기 코끼리가 아빠 코끼리와 길을 가다가 만난 동물들을 보며 궁금증이 생겨요. 왜요? 왜요?
가을을 그려요	박종진/이수진	키즈엠	친구들과 놀이하다가 선생님의 가을 책에 물감을 쏟아서 각자가 생각한 가을에 대해 그림을 그려요
당근 유치원	안녕달	창비	아기 토끼 유치원 선생님은 어떤 분일까요?
컬러몬스터 감정의색깔	안나 예나스	청어람아이	오늘 너의 감정은 무슨 색이야?

만 3~4세 질문놀이는 이렇게

1. 생각을 자유롭게 이야기하게 하려면?

-소그룹으로 그림책을 읽고 난 후, 장면마다 유아들끼리 자유롭게 대화하면서 궁금했던 점들을 질문으로 찾아볼 수 있다.

-쉬운 질문으로 다가간 후에, 생각을 할 수 있는 질문을 한다.

2. 질문에 익숙해지게 하려면?

-짝 질문놀이의 모형을 교사가 먼저 보여주는 모델링이 필요하다.

-짝 질문놀이의 다양한 모형을 활용하면 질문이 쉬워지고 질문놀이의 즐거움도 느낄 수 있다.

물레방아 질문놀이

-아이들이 둘씩 짝을 지어 큰 원을 만든다

-짝과 질문을 주고 받으며 자기 생각을 말한다.

-안쪽 원에 있는 아이들이 자리를 옆으로 움직여 짝을 바꾼다.

-바뀐 짝과 다시 질문을 주고 받는다.

-학기 초 친구에게 궁금한 점을 서로 물어보고 답할 수 있다. 예) 친구야 이름이 뭐야? 너는 어떤 게 좋아?

공 주고 받으며 질문놀이

-친구들 얼굴이 보이도록 동그랗게 앉는다.

-친구들이 공을 들고 있는 친구에게 질문한다.

-공을 들고 있는 친구는 질문에 대한 자기 생각을 말한다.

-옆에 있는 친구에게 공을 전달한다.

선생님: 어떨 때 제일 즐거웠어?

유아1: 엄마랑 아빠랑 공룡 보러 갔을 때 제일 좋았어요.

선생님: 오, 엄마랑 아빠랑 공룡 보러 갔을 때 즐거웠구나. 우리 다른 친구한테도 물어봐 주자.

선생님: 친구야, 어떨 때 제일 즐거워?

유아2: 아까, 놀이터 가서 맛있는 거 먹었어.

선생님: 그때 제일 즐거웠구나, 또 다른 친구에게 물어보자. 친구야, 너는 어떨 때 제일 즐거워?

유아3: 미끄럼틀에서 재밌었어.

선생님: 미끄럼틀에서 놀 때가 제일 재밌었어?

유아3: 응.

선생님: 그랬구나.

수건 돌리기 질문놀이

-친구 얼굴이 보이게 동그랗게 앉는다.

-술래가 수건을 들고 친구에게 질문하러 원 밖을 돈다.

-'너의 기분은 어떤지 너무 궁금해' 클래식(뻐꾹왈츠)에 개사한 노래를 부르며 간다.

-질문하고 싶은 친구 뒤에 수건을 놓는다.

-수건이 자기 뒤에 놓인 친구는 자리에서 일어난다.

-둘이 손을 잡고 질문놀이 한다.

유아1: 수아야 너의 기분이 어때?

유아2: 좋아.

유아1: 왜 그렇게 생각해?

유아2: 지안이가 어린이집에 오니까 좋아.

유아1: 아 그렇구나.

3. 짝 질문놀이 후 짝이 했던 이야기를 친구들 앞에서 발표
한다.

　-친구의 이야기를 경청하는 습관을 가질 수 있다.

4. 교사가 준비한 질문도 좋지만, 놀이 중에 나오는 질문들
을 잘 활용하여 또 다른 질문을 만들어볼 수도 있다.

-유아가 어떤 것을 질문해 올 때 "네 생각은 어때?"라고 물어 질문을 되돌려 주는것도 생각을 여는 좋은 방법이다.

5. 호기심은 많지만 궁금한 점을 질문하는 데는 익숙하지 않은 시기이다.

-질문이 아직 어려운 아이들은 "선생님, 왜요?"라고 짧은 질문을 주로 한다. 앞뒤 없이 "선생님, 왜요?"라고 할 때 교사는 상황의 맥락을 파악하여 정확한 문장으로 질문을 만들어 유아에게 되묻는 방법을 사용한다.

-교사의 질문을 따라 하면서 자신의 생각을 질문으로 표현하는데 조금씩 익숙해질 수 있다.

6. 그림책 내용과 연관되게 교실 환경을 디자인한다.

-교실 환경을 그림책 내용과 비슷한 환경으로 꾸며주면 그림책에 대한 흥미를 높일 수 있다.

-주인공이 로봇일 경우 로봇과 관련된 잡지, 로봇 모형 박스 등을 준비하면 아이들의 호기심을 높일 수 있다.

7. 장면 카드로 이야기를 만들며 내용을 만들어 본다.

-좋아하는 장면카드를 뽑아 역할극을 한다.

-전체 내용을 극놀이로 표현하기 보다는 좋아하는 장면으로 짧게 극놀이하는 것이 좋다.

8. 놀이하는 아이들의 말과 질문을 놓치지 않고 관찰한다.
-놀이 중 아이들의 대화나 질문에서 확장된 놀이를 지원할 수 있다.

9. 호기심을 자극하는 질문을 한다.
"이게 왜 여기 있을까?"
"이걸로 어떻게 하면 좋을까?"
"어떤 방법이 있을까?"
"어떻게 하면 좋을까?"

피어오르는 생각을
이야기로 할 수 있는 너
(만 4~5세)

제법 문장을 나열하여 이야기를 만드는 너!
너의 생각을 말로 자유롭게 표현하며
기뻐하는 너에게 물어볼게.
"네 생각은 어때?"

"선생님 얼굴이 왜 그래요?"

"어? 선생님 얼굴이 어떤데?"

"이쪽이 빨개요."

"웅~ 뭐가 물었나 봐."

"선생님이 꽃이라 벌이 와서 물었나 봐요."

"어머나, 그렇구나."

선생님을 꽃으로 만들어준 성준이의 말에 웃음이 터졌다.

따뜻한 봄날 아이들과 소풍을 나갔다. 아이들이 튤립꽃 사이로 여기저기 뛰어다닌다. 한쪽에서는 마치 보물을 찾은 듯 꽃 위에 앉아있는 나비를 보고 감탄사가 끊이지 않는다. 성준이가 뛰어오더니 선생님 얼굴을 보며 웃게 해주었다.

만 4~5세는 어휘와 창의력이 폭발하는 시기이다.

사고 능력이 발달하여 자신의 느낌, 생각, 경험을 문장으로 말할 수 있으며 글자로 쓰는 것에도 관심을 둔다. 말로 표현하는 것을 즐기며 간단한 토론도 가능하다.

상상하기를 즐기며 이야기의 뒷부분 꾸미기가 가능하다. 다른 사람의 감정을 살피기가 가능하고 자기의 정서 표현이 확실해진다.

여러 친구와 함께 노는 협동 놀이를 즐거워하며 놀이의 규칙을 잘 지킨다. 놀이의 주제가 복잡하고 다양해지며 놀이 지속 시간이 길어진다. 단순한 호기심에서 원리를 찾아내려는 논리적 사고가 발달하며 새로운 정보를 얻기 위해 질문이 많아진다.

이 시기는 스스로 생각하는 힘을 길러주거나 교훈을 담고 있는 주제의 그림책이 좋다. 전래동화나 창작 그림책에서 찾아볼 수 있다. 좋은 인성을 다룬 그림책 또는 궁금증을 해결할 수 있는 지식(자연 관찰, 과학, 수학) 그림책도 좋다.

그림책 질문놀이를 통해 아이들은 느낌, 생각을 논리적으로 표현할 수 있게 된다. 등장인물에 대한 감정이입이 가능하므로 "~~라면 어떻게 했을까?"라는 마음과 생각 질문으로 공감 능력을 길러줄 수 있다. 또한 가지고 있는 생각을 문장으로 잘 표현하는 시기이므로 새로운 이야기를 구성하는 사고력을 키워준다. (4~5세를 위한 그림책 표 참고)

만 4세~5세 질문놀이는 이렇게

1. 그림책 전체의 내용 읽어주기만 반복했다면 재미있는 장면을 골라 질문놀이 한다.

 - 반드시 전체 내용에 관한 질문일 필요는 없다.
 - 아이들이 좋아하는 장면을 골라서 질문놀이 할 수 있다.

2. 질문과 놀이를 연결하는 팁

《만 4~5세를 위한 그림책》

그림책	글 / 그림	출판사	한 줄 내용
눈의 여왕	안데르센	웅진주니어	희생과 용기로 이루어진 진실한 사랑 이야기
토끼가 시장을 가는데	김미애	한국 글렌도만	토끼가 바구니를 들고 시장을 다녀오는 길에 호랑이를 만난다
고함쟁이 엄마	유타바우어	비룡소	엄마의 고함에 뿔뿔이 흩어져버린 아기 펭귄. 결국 엄마가 '미안해'하며 서로의 애정을 보이는 이야기
꼭 안아주고 싶지만	오언 매크로폴린	비룡소	서로 다가설 수 없을 때 친구와 사랑하고 소통하는 방법을 알려주는 그림책
모두를 위한 케이크	다비드 칼리 /마리아 덱	미디어창비	오믈렛 재료를 찾는 생쥐에서 시작되어 여러 동물 모두가 먹고 싶은 케이크를 만들어 간다
표지판 아이	전경혜	리젬	캄캄한 밤에 벌어지는 표지판 사람들 이야기
우리 아빠가 최고야	앤서니브라운	킨더랜드	아이의 시점에서 바라본 우리 아빠의 모습을 그린 그림책
파리 휴가	구스트	바람의 아이들	휴가를 즐기러 간 파리에게 위기의 상황이 닥치는 이야기
바퀴를 단 마법 구름	김유리	대교	다양한 바퀴를 사용한 원숭이를 통해 대중교통을 소개하는 그림책
알사탕	백희나	책읽는곰	들을 수 없던 네 마음이 들린다! 말하지 못한 내 마음을 전한다! 사탕이 주는 마음 이야기
떡시루 잡기	조문현	두산출판	떡을 먹으려는 두꺼비와 호랑이의 대결을 그린 옛이야기
모두 잠든 오싹한 밤에	아서 맥베인/톰 나이트	에듀앤테크	비바람치는 오싹한 밤에 릴리가 두려움을 극복하는 이야기
감나무 아래에서	박진홍/최지은	키즈엠	가을의 정경을 시적으로 담아내는 그림책
가자! 우리 원 행성으로	정혜원	엔이키즈	유치원 행성에서의 임무를 완수하러 떠나는 주인공의 이야기

① 아이들의 대화 속에서 놀이 요소를 찾는다.

유아1: 우리 버니 집 지어주자.

유아2: 그럼 블록으로 지어주자.

유아1: 그래~ 근데 나 버니랑 우주여행도 가고 싶다.

유아2: 토끼는 우주에서 못 살잖아.

유아1: 아니야. 토끼는 달에서 살고 있어.

유아2: 그래? 어떻게 알았어?

유아1: 유튜브 동화에서 봤어.

-우주에서 토끼가 살 수 있는지 없는지 알아보다가 우주 놀이를 하게 되었다.

② 그림책을 보고 아이들과 어떤 놀이를 할 것인지 먼저 구상한다.

-교사도 아이들에게 지원해주고 싶은 놀이와 재료를 충분히 생각해 두면 그 속에서 생각지도 못한 놀이가 시작되기도 한다.

③ 적절한 질문으로 놀이를 지원한다.

-놀이 흐름을 이어갈 수 있도록 적절한 때에 질문을 한다.

-교사의 질문은 다른 놀이로 확장할 수 있는 역할을 한다.

④ 그림책 장면 하나를 골라 아이들에게 질문을 찾도록 한다.
-궁금한 질문을 찾기 위해서 관찰력과 상상력이 필요하다.

3. 그림책 내용으로 아이와 함께 즉흥적으로 손유희를 만든다.
-질문놀이 하기 전 유아가 알고 있는 동요 멜로디에 그림책 내용으로 가사와 몸짓 표현을 만들면 그림책 질문놀이에 흥미를 더해준다.

4. 그림책 질문놀이 모형을 기본 베이스로 하되 순서 상관없이 진행한다.
-반드시 그림책 질문놀이 모형의 순서대로 진행해야 한다고 생각하면 아이들의 놀이가 자유롭게 확장되는 기회를 막을 수 있다.
-그림책 질문놀이 모형의 순서를 융통성있게 바꾸거나 생략해도 무방하다.

5. 기다림과 북돋움이 필요하다

-"몰라요" "모르겠어요" "그냥요"라고 답하는 아이에게는 "지금은 생각나지 않을수 있어, 생각이 떠오르면 말해주겠니?"라고 말하며 선생님이 기다려 준다는 것을 알려준다. 또는 한 번 더 질문하며 "천천히 대답해도 좋아"라고 해서 아이가 말할 수 있도록 북돋워준다.

6. 아이의 질문에 꼬리를 물어 질문한다.

-아이가 질문하면 교사는 꼬리를 물어 질문한다.

-꼬리 무는 질문을 몇 차례 반복하면서 아이가 자기의 생각을 말하도록 돕는다.

선생님: 지민아, 노래를 들으니 어떤 기분이 들어?

유아: 예쁜 느낌 노래인 거 같아요.

선생님: 예쁜 느낌 노래는 어떤 노래야?

유아: 좋은 노래.

선생님: 좋은 노래는 뭐가 있어?

유아: '나비야' 노래.

선생님: 나비야 노래하면 뭐가 생각나?

유아: 나비가 있는 거 같아요.

선생님: 나비가 어디에 있는 거 같아?

유아: 무서운 나무.

선생님: 무서운 나무는 어떻게 생겼어?

유아: 까맣고 무서워.

선생님: 까맣고 무서워~ 왜 까맣고 무서워?

유아: 밤이 되었을 때 깜깜하니까.

선생님: 왜 밤이 되면 깜깜하고 무서워?

유아: 밤이 되면 박쥐들이 있어서 무서워요.

7. 그림책 질문놀이가 더는 확장되기 어려울 것으로 판단되면, 아이에게 어떤 놀이를 하고 싶은지 물어보고 함께 놀이를 계획한다.

　-놀이와 관련된 교실 환경 구성을 아이들과 함께 하면 질문놀이의 흥미를 높일 수 있다.

8. 그림책의 내용을 기억해야 질문을 많이 만들 수 있다.

　-그림책 내용으로 O, X 퀴즈(신체 o, x 퀴즈), 그림책 장면 카드로 내용 만들기, 달려와서 종을 울려라 게임 등을 해서 그림책의 내용을 기억하도록 돕는다.

그림책 내용으로 O,X 퀴즈

 -그림책을 본 후 그림책 내용을 교사가 질문한다.

-아이가 그림책 내용을 기억하고 맞으면 O, 틀리면 X로 표시한다.

달려와서 종을 울려라 게임

 -문제를 내는 유아가 그림책을 보며 문제를 낸다.

 -멀리 앉아있던 친구 중 정답을 아는 친구가 출발선에 서서

코끼리 코 5바퀴를 돌며 문제를 낸 유아 앞에 있는 종을 친다.

-종을 먼저 친 유아가 정답의 기회를 얻게 된다.

-같은 방법으로 팀을 나눠 각 팀 대표가 1명씩 나와 문제를 맞힌다.

그림책 장면 카드로 내용 만들기

-그림책을 본 후 그림책 내용을 기억하며 장면 카드를 선택하여 나열한다.

-나열한 순서대로 이야기를 만든다.

교실과 가정에서 영유아와 함께 할 수 있는 질문놀이 사례 소개해요

4장

교실에서 가정에서
영유아 질문놀이

교실에서 만 0~1세
오감 질문놀이

수박 오감 질문놀이

무더운 여름 어느 날, 오전 간식으로 수박이 나왔다. 영아들은 깍두기처럼 썰어놓은 수박을 집으려 엉덩이를 들썩거리며 손을 뻗었다. 포크를 건네주기도 전에 이미 서현이는 수박을 한 움큼 집어 입으로 가져갔다. 서현이의 함박 웃음 사이로 수박 물이 주르륵 흐르고 있었다.

선생님은 아이들이 수박을 탐색해 볼 수 있도록 다양한 크기와 모양으로 잘라서 지원해 주었다. 영아들은 잘라준 수박을 양손으로 잡고 크게 한입 베어 먹었다.

"봄아, 수박을 먹어보니까 맛이 어때?"

영아는 웃음을 보이며 다시 한 입 더 먹는다.

"봄이가 수박을 또 먹는 거 보니까 맛있나 보구나!"

"봄이가 잡고 먹는 모습을 보니까 쓱쓱 싹싹~ 하모니카를 연주하는 모습 같네!"

선생님은 수박을 먹는 아이들에게 질문놀이를 시작한다.

커다란 수박 하나 잘 익었나 통통통!

단숨에 쪼개니 속이 보이네!

쭉쭉쭉쭉쭉쓱쓱쓱쓱쓱 싹싹싹싹싹쭉쭉 쓱쓱 싹~.

영아들은 환하게 웃으며 선생님이 불러주는 동요에 따라 수박을 잡고 좌우로 흔들며 웃었다. 영아들이 수박을 충분히 맛보며 탐색한 후 손으로 으깨며 놀이한다.

선생님: 조물조물 수박을 만지는 느낌이 어때? 선생님도 다희처럼 수박을 만져볼까?

선생님: (손에 수박을 한 움큼 쥐어 으깨 본다) 쭉~~~ 선생님 손에서 물이 떨어지네! 이게 뭐지?

영아들은 선생님을 따라 수박을 손에 쥐고 힘껏 으깨더니 선생님을 바라보며 웃는다. 손가락 사이로 삐져나오는 수박이 재미있는 듯 한참을 손에 쥐었다 폈다를 반복하더니 으깬 수박을 장난감 그릇에 담고 또다시 조물거린다.

선생님: 다희 손에 있던 수박이 어디로 갔지? 선생님 손에 있던 수박도 없어졌네? (수박을 쥔 손을 뒤로 숨겼다 주먹을 펴며) 나왔다~ 까꿍.
선생님을 바라보던 아이들이 까르르 웃더니 다시 그릇에 담긴 수박을 꺼낸다.

호박 오감 질문놀이

어느덧 나무들이 알록 달록 물든 가을이 되었다. 어린이집 곳곳에는 호박으로 만든 인형들이 할로윈 데이를 기다리고 있다. 크고 작은 호박들 앞에 쪼그리고 앉아 한참을 바라보는 영아들의 뒷모습이 귀엽기만 하다. 아이들은 호박을 보며 무슨 생각을 하고 있는 걸까? 영아들과 호박으로 오감 놀이를 해보기로 하였다.

누런 호박 한 통을 얇게 잘라 준비하고 호박 모양의 큰 접시도 준비하였다. 영아들은 바닥에 흩어진 호박을 작은 손으로 집어 작은 접시에 담으며 놀이한다. 작은 접시에 담은 호박을 커다란 호박 접시 위에 쏟기를 반복한다.

선생님: 시우야, 호박을 접시 위에 올려 놨더니 호박 눈, 코, 입이 사라졌네? 어디 있지? (올려진 호박을 치워주며) 찾았다~.

영아는 다시 작은 접시에 호박을 담아 두 손으로 번쩍 들더니 커다란 호박 접시 위에 쏟았다.

선생님: 호박 얼굴이 또 사라졌네! 호박 눈, 코, 입이 어디로 갔지? (호박접시를 바닥에 호박을 털어내며) 호박 얼굴이 나왔다! 까꿍~.

영아는 호박을 그릇에 담아서 쏟아 붓는 행동을 반복하며 한참을 놀이하였다.

선생님: 두두두두~두두두두, 무슨 소리지?

선생님이 접시 위에 떨어지는 호박의 모습을 의성어로 표

현해 주었다. 그러자 영아들도 "두두두두~" 소리를 따라하며 예쁘게 웃는다.

그릇에 담는 놀이에 흥미를 보여 좀 더 큰 바구니를 앞에 놓아주었더니 주변에 있는 호박들을 손으로 집어서 바구니에 담기를 반복했다.

선생님: 시우는 호박을 담고 쏟아 보는 놀이가 재미있구나! 선생님도 함께 담아 줄까? (영아와 함께 손으로 호박을 집어서 바구니에 담아준다) 우와~ 이제 바구니에 호박이 가득 찼네!

영아들은 양손으로 바구니들 집어 들고 가득 담긴 호박을 힘차게 쏟아 부었다.

선생님: 호박이 우르르 쏟아지고 있어! 하늘에서 호박비가 내리는 것 같아!

선생님은 호박이 담긴 그릇을 들고 일어서서 바닥에 호박을 부어주었다. 그러자 영아들도 자리에서 일어나서 떨어지는 호박을 잡아 바닥으로 떨어뜨리며 좋아한다.

만 1~2세
일상 질문놀이

기저귀 찬 생쥐가 뭐라고 했을까?

코로나19로 인해 아이들 등원이 불규칙해지자 배변 훈련이 잘 이루어지지 않았다. 그렇다고 마냥 시간을 보낼 수 없어서 그림책 질문놀이로 긍정적인 배변 훈련을 도와주기로 했다.

교실 책꽂이에 '기저귀 속에 뭐가 있을까'라는 책을 꽂아주었더니 아이들이 관심을 보였다. 한 아이가 책을 들고 와 "이거 볼래"라며 교사에게 책을 건넸다.

"그래, 선생님이 보여줄게."

책을 읽어준다는 말을 듣고 다른 영아들도 교사의 옆에 앉아 그림책을 바라보았다.

기저귀 속에 뭐가 있을까?
기도 반 게네흐텐 지음/ 한국가드너

찍찍이 생쥐가 동물들의 기저귀를 살피며 동물들의 응가를 봅니다. 동물들도 찍찍이의 기저귀 안을 궁금해하니 기저귀에 아무 것도 없음을 보여줍니다.

질문놀이 1. 블록으로 변기 만들어요

선생님: 뭐가 보여요?

영아1: 찍찍이.

선생님: 어건 뭘까?

영아2: 아기 변기.

선생님: 아기 변기가 있어요?

영아1 집에 있어요.

선생님: 집에 있어요?

그림책을 보며 찾은 놀이!

커다란 블록으로 그림책 속 보라색 변기를 만들고 응가 하는 모습을 흉내 내며 놀이했다.

질문놀이 2 동물 친구들의 응가 만들어요

선생님: 변기 안에 뭐가 있을까?

영아1: 응가.

선생님: 변기 안에 응가가 있구나.

영아2: (코를 막으며) 응가 냄새나.

선생님: 응가에서 냄새가 나는구나. 우리는 어디에서 응가를 할까?

영아3: (교실 옆 화장실을 가리키며) 여기 있어.

선생님: 그래. 우리는 저기 화장실에서 응가 해요.

"동물들의 응가는 어떻게 생겼지?"라는 질문과 함께 점토로 응가 만들기 놀이를 했다. 영아들에게 점토를 만들면서 느낌이 어떤지 물어보았다. "점토를 주무르니 느낌이 어때?"라고 질문하고 '말랑말랑', '까슬까슬', '부드럽다' 등 다양한 느낌을 교사가 언어로 명료화해주었다.

질문놀이 3. 숨어 있는 찍찍이를 찾아요

선생님: 찍찍이가 뭐 하고 있을까?

영아1: 찍찍아, 숨어서 뭐 해?

영아2: 찍찍아~ 뭐가 있어?

영아1: 찍찍이 찾았다 하트 기저귀 했네? 난 팬티 입었는데.

영아3: (뽁뽁이를 손가락으로 누르며) 찍찍이가 방귀 뀐다.

그림책 장면들을 복사하여 교실 바닥에 붙여주고 그 위에 투명 뽁뽁이를 덮어주었다. 아이들은 투명 뽁뽁이 속에 있는 그림을 탐색하며 등장인물을 찾기도 하고 뽁뽁이를 손가락으로 터트리기 놀이를 했다.

질문놀이 4. 변기를 찾아 흉내 내요

선생님: 우리는 어디에서 쉬해야 할까?

영아1: (화장실을 가리키며) 저기.

선생님: 우리 화장실에 변기가 있나 찾아볼까?

영아2: 여기서 쉬해.

선생님: 잘 찾았다. 변기에서 쉬하고 응가도 하는 거지요?

영아3: 응 맞아.

그림책 속 변기를 찾아 화장실에 가서 "너도 쉬 해?", "쉬하고 물 내려 응!" 흉내를 내며 놀이했다.

만 2~3세
감정 질문놀이

색깔 신호등

아침 등원 시간은 아이들과의 인사 소리로 언제나 활기차다. 여느 때와 같이 아이들이 교실에 들어오면 반갑게 인사를 나누고 아침은 먹었는지 잘 잤는지 일상적인 이야기를 나누며 하루를 시작한다.

등원하는 아이들을 자세히 살펴보면 아이마다 컨디션과 기분이 모두 다름을 알 수 있다. 각자 다른 감정과 기분의 아이들에게 상투적이고 의례적인 인사말보다는 영아들의 감정과 정서를 읽어주는 시간이 필요하다고 생각했다.

색깔 신호등 놀이로 영아들이 자신의 기분을 나타내도록 했다. 색깔로 자연스럽게 자신의 감정과 기분을 표현하면 정서를 공감해 주기로 하였다.

1. 색깔 신호등 노래

처음부터 너무 많은 색을 보여주면 선택하기 어려울 수 있어서 4가지 정도의 기본색으로 시작했다.

'빨강, 파랑, 초록, 노랑'의 막대 신호등을 보여주며 기분을 물어보았는데 큰 관심을 보이지 않았다. 그래서 아이들이 잘 알고 있는 동요 '건너가는 길' 노래를 개사하여 노래를 불렀다.

색깔 신호등이 켜지면
너의 기분 말해봐
너의 기분은 무슨 색?
궁금해요. 궁금해

가사에 맞게 율동을 하며 색깔 신호등 노래를 크게 부르니 아이들이 관심을 보이며 교사에게 다가왔다. 아이들에게 익숙한 리듬이어서인지 영아들이 흥얼흥얼하며 따라 불렀다. 노래가사에 '너' 대신 '이름'을 넣어 부르니 아이들이 자신의 기분을 곧잘 말했다.

2 색깔 신호등을 찾아라

선생님: 지유는 오늘 기분이 무슨 색이야?

지유: (파란색을 뽑으며) 기분이 좋아.

선생님: 지유 기분은 왜 파란색이야?

지유: 왜냐하면 파란색이 좋아서 기분이 좋아. 지유는 오늘 친구가 블록을 무너뜨려도 화내지 않고 사이좋게 놀 거예요.

성인은 색에 대한 편견을 가지고 있다. 예를 들면, 검정은 어두움이나 무서움, 파랑은 우울함 혹은 시원함, 빨간색은 열정적 혹은 위험함으로 인식하는 경향이 있다. 하지만, 영아들은 색깔에 대한 편견이 없으므로 자신의 기분을 나타내는 색깔이 매일 바뀌기도 한다.

선생님: 태이 기분은 무슨 색깔이야?

태이: 초록색.

선생님: 오늘 기분이 왜 초록색이야?

태이: 왜냐하면 기분이 안 좋아.

선생님: 오늘 기분이 왜 안 좋아?

태이: 엄마가 화냈어.

선생님: 왜 엄마가 화내셨을까?

태이: 태이가 공놀이 하는데, 컵이 떨어져서 화냈어.

선생님: 아~ 그랬구나. 엄마는 태이가 다칠까 봐 걱정돼서 그러신 걸 거야. 태이야, 기분이 좋아지려면 어떻게 하면 좋을까?

태이: 덤프 트럭을 만들면 기분이 좋아질 거야.

"오늘 기분이 무슨 색이야?"라고 물으면 영아들은 선택한 색깔로 지금의 기분을 말한다. 뿐만 아니라 속상했던 기억을 떠올리며 말하기도 한다. 색깔 신호등을 통해 영아들은 자기의 기분과 감정을 말로 표현하는 것에 익숙해진다.

아이들과의 질문놀이는 아이들의 정서에서부터 출발한다. 아이들과의 긍정적 상호작용은 정서를 헤아리는 데서부터 시작되어야 하기 때문이다. 자기의 감정을 언어로 표현하지 못하는 영아들과는 순간순간 아이의 정서를 살피는 상호작용이 이루어져야 한다.

만 3~4세
클래식, 명화 질문놀이

뻐꾹 왈츠 J. E. Jonasson (1886-1956)

숲속에서 노래하는 뻐꾸기를 묘사한 곡으로 3박자 경쾌한 왈츠.

1. 뻐꾹 왈츠 듣고 유아들과 질문 나누기

선생님: 어떤 느낌이 들었니?

유아1: 결혼식에서 들어 봤어요.

유아2: 춤추는 거 같아요!

선생님: 왜 그 느낌이 들었니?

유아2: 딴따~ 춤추는 느낌이잖아요.

유아1: 저번에 엄마랑 결혼식 갔는데 이 노래가 나왔어요!

선생님:그런 느낌이 들었구나! 또 어떤 느낌이 들었니?

유아3: 이 음악 없으면 뭔가 심심해요.

선생님: 왜 심심하다고 생각해?

유아3: 음악이 없는데 결혼하면 재미없잖아요.

2.뻐꾹 왈츠 감상하고 그림으로 느낌 표현하기

유아1: 선생님! 나 이 노래 뽀로로에서 들은 적 있어요!

선생님: 그래? 그럼 이 음악을 들었을 때 어떤 느낌이었어?

유아1: 음……. 모르겠어요.

선생님: 말로 표현하기 어려우면 그림으로 그려 보는 건 어때?

유아1: 좋아요!

(그림을 그리는 유아에게)

선생님: 어떤 느낌을 그렸는지 말해줄 수 있니?

유아2: 무지개가 있고……. 사랑하니까 하트가 있어요.

선생님: 왜 이 음악을 듣고 하트를 그렸니?

유아2: 결혼하잖아요!

유아3: 저도 그렸어요! 결혼하면 케이크도 필요하잖아요. 그래서

케이크도 그렸어요.

유아들이 뻐꾹 왈츠를 감상하면서 결혼식에 관해 이야기한다. 교사는 결혼식과 관련된 명화를 찾아 함께 보여준다.

아르놀피니의 결혼 Jan van Eyck (1395년~1441년)

이탈리아 은행가인 아르놀피니가 자신의 결혼식 모습을 그린 그림 (1434년)

1. 명화 보고 빙고 게임

-그림을 20초 동안 감상한다.

-어떤 그림들이 보이는지 묻는다.

-명화에서 보이는 것을 9칸에 적는다.

-순서대로 자기가 적은 단어를 말하며 빙고 게임을 한다.

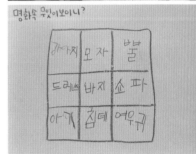

2. 명화 보며 질문 나누기

선생님: 그림을 보니 어떤 느낌이 드니?

유아1: 기쁜 느낌이 들어요.

선생님: 왜 그렇게 생각해?

유아1: 서로 손잡고 있고 아기가 배 속에 있어서 좋아하는 거 같아요.

선생님: 누가 아기를 가지고 있다고 생각했어?

유아1: 저 초록색 옷 입은 사람이요.

선생님: 왜 그렇게 생각해?

유아1: 배에 손을 올리고 있으니까요.

선생님: 아 그렇구나~ 그렇게 보이기도 하다! 또 어떤 느낌이 드니?

유아2: 추울 거 같아요.

선생님: 왜 그렇게 생각해?

유아2: 두 사람 모두 옷을 길게 입었잖아요. 추워서 그런 거 같아요.

선생님: 아 그림 속 사람들이 다 옷을 길게 입어서 춥다는 느낌이 들었구나. 그럼 계절도?

유아2: 겨울!!!

선생님: 겨울일 거라는 것을 그림 속 또 무엇을 보면 알 수 있을까?

유아3: 창문이요. 창문에 왠지 눈이 쌓여있는 거 같아요.

3. 감정 카드로 느낌 나누기

선생님: 그림을 보니 또 어떤 느낌이 드는지 이번에는 카드에서 뽑아볼까? (감정 카드를 꺼내며 유아들에게 보여준다)

유아5: 이거요! (감정 카드 한 장을 든다)

선생님: 왜 이 그림을 보면서 그 카드 감정이 느껴졌어?

유아5: 여자랑 남자랑 손잡고 있으니까 창피할 거 같아요

유아3: 왜 손잡는 게 창피하냐? 하하하하하

선생님: 왜 손을 잡는 게 창피하다고 생각했어?

유아5: 남자랑 여자랑 손을 잡으면 창피하니까요. 저는 친구랑 손을 잡으면 부끄러워서 창피해요.

선생님: 오 그래서 창피한 느낌이 들었구나~ 생각을 말해줘서 고마워. 다른 친구들은 어떤 느낌이 들었니?

유아4: 저는 웃고 있는 감정이 느껴졌어요.

선생님: 왜 기뻐하는 감정이 느껴졌어?

유아4: 둘이 손을 잡고 결혼하니까 기뻐하는 거 같아요.

선생님: 둘이 손을 잡고 있으니까 결혼하는 것처럼 기쁜 느낌이 들었구나.

4. 결혼식 놀이

유아들이 서로 짝꿍 손을 잡고 결혼식 놀이를 하기 시작했다.

선생님: 결혼식 할 때 무엇이 필요할까?

유아1: 선생님! 저 머리에 쓰는 거 그거 필요해요!

선생님: 면사포?

유아1: 네! 저 그거 주세요.

유아2: 너는 신부 해. 나는 신랑 할게.

유아1: 신부님~ 눈 감으세요.

유아2: 네. 엄청 이쁘게 해주세요.

유아1: 꽃이랑 드레스도 입어야 해.

유아3: 그럼 나는 신부 엄마 할게. 선생님! 신부 엄마는 무슨 옷을 입어요?

선생님: 어떤 옷을 입으면 좋을까?

유아4: 저 이모 결혼식 가봤는데 할머니가 한복을 입고 있었어요!

선생님: 그럼 우리도 한복을 입을까?

유아들: 네!

선생님: (한복을 입혀주며) 어머님~ 딸을 결혼시키시는데 기분이 어떠세요?

유아3: 좋은데요?

선생님: 왜 좋아?

유아3: 예쁘고 결혼식이 재밌어요!

선생님: 선생님 엄마는 울 거 같아. 우리 딸이 이렇게 커서 시집을 가다니 하고.

유아3: 선생님 결혼했어요?

선생님: 아니, 이제 선생님 하늘반 친구들이 결혼식 하는 것처럼 선생님도 결혼식 진짜 할 거야.

유아3: 보여줘요!! 보고 싶어요.

(교사 웨딩 촬영 사진도 함께 봄)

5. 결혼식 초대장 만들기

유아2: 선생님! 우리 결혼식에 친구들을 더 초대하고 싶어요!

선생님: 초대를 하려면 어떤 것이 필요할까?

유아1: 초대장!! 종이에 초대장을 넣으면 되잖아요.

선생님: 근데 코로나라 밥을 못 먹는데 어떡하죠?

유아: 그럼 햄버거로 교환해줄게요!

선생님: 그럼 어떻게 교환을 해줄까?

유아2: 햄버거랑 바꿀 수 있는 건 없을까?

선생님: 결혼식에서 밥 먹는 사람들은 식권이라는 종이를 사용해. 그 사람이 결혼식에 왔는지 안 왔는지 모르잖아! 그래서 식권을 들고 있으면 결혼식에 온 사람들인 거야.

유아3: 그럼 내가 식권을 만들어볼게!

6. 결혼식 파티

유아1: 저번에 우리 이모 결혼식에 가봤는데, 엄청나게 기뻐하면서 친구들이 춤도 춰줬다. 너무 웃겼어.

(아이들의 대화를 듣고 교사가 '뻐꾹 왈츠'를 다시 틀어준다)

유아2: 얘들아! 우리도 파티하고 춤추자!

(유아들이 주변에 있는 악기로 연주를 하고 둘이 손을 잡고 춤을 추는

모습을 보고 교사가 '왈츠'라는 춤을 보여줌)

유아1: 선생님! 춤을 추기에 너무 좁아요.

선생님: 그럼 어떻게 하면 좋을까?

유아2: 밖으로 나가요!

유아들은 놀이터로 나가 춤을 추었다

7. 악기 찾기

놀이터에서 뻐꾹 왈츠를 들으며 춤을 추던 한 유아가 교사에게 다가와 질문한다.

유아1: 선생님! 근데 왜 음악에서 기타 소리가 들려요?

선생님: 기타 소리가 들리니?

유아1: 네. 기타 소리가 들리는 거 같아요.

유아2: 어? 저는 피아노 소리가 들리는 거 같아요!

유아1: 아니야~ 기타 소리야.

유아3: 아니야! 피리 소리도 들려요!

선생님: 오 그렇구나! 또 어떤 악기 소리가 들리니?

유아4: 바이올린! 근데 소리가 금방 없어져요.

선생님: 그럼 어떻게 하면 더 자세히 들을 수 있을까?

유아5: 바이올린만 연주하는 걸 들으면 되잖아요!

각 악기(바이올린, 첼로, 피아노, 플루트)만 연주하는 클래식을 들려주고 어떤 악기가 들리는지 퀴즈를 내며 맞추는 놀이도 함께 해보았다.

선생님: 어떤 소리가 들려?

유아1: 피아노!

선생님: 피아노? 피아노는 어떻게 연주하지?

(유아들이 피아노를 연주하듯 흉내를 낸다)

선생님: 우리가 지금 본 악기를 다 합쳐서 연주한 클래식이 있대.
우리 함께 들어볼까?

('뻐꾸기왈츠' 음악을 감상한다)

선생님: 어떤 악기 소리가 들려?

유아2: 피리!

선생님:우리 그럼 피리를 연주 해볼까?

(노래에 맞춰 피리 부는 흉내를 내 본다)

선생님: 이번에는 어떤 악기 소리가 들려?

유아3: 바이올린! (바이올린을 켜는 흉내를 내본다)

8.뻐꾹 왈츠에 맞춰 연주하기

유아3 : 선생님! 손으로만 하니까 손 아파요. 우리 진짜 연주해요.

선생님: 진짜 악기를 연주하고 싶구나. 너무 좋은 생각이야! 우리 하늘반에 연주하고 싶은 악기를 들고 와서 연주해 볼까?

유아들이 하고 싶은 악기를 들고 와서 자리에 앉는다. '뻐꾹 왈츠'에 맞춰 악기로 자유롭게 연주해 본다.

유아3: 선생님! 친구들이 악기를 막 치니까 귀가 너무 아파요.

선생님: 그럼 어떻게 하면 귀가 아프지 않고 예쁜 소리를 낼 수 있을까?

유아3: 노래를 듣고 노래에 맞춰서 두드려요!

유아2: 아니면! 하고 싶은 친구들끼리 모여서 하면 되잖아요!

선생님: 좋아! 그럼 우리 그렇게 해볼까?

모둠별로 '뻐꾹 왈츠' 리듬에 맞춰 연주하고 다른 모둠 친구들은 연주를 감상했다. 모둠 별로 연주하니 '뻐꾹 왈츠' 음악 소리가 잘 들리기도 하였고, 악기를 마구 두드리던 유아도 다른 친구들이 연주하는 모습을 보고 리듬에 맞춰 연주하였다.

유아2: 선생님 악기 연주를 하니까 너무 더워요. 우리 시원하게 밖에 나가서 연주하면 어때요?

유아3: 밖에서 하면 진짜 재밌을 거 같아.

선생님: 그럼 우리 악기를 들고 가서 밖에서 연주해 볼까?

9. 음악회 놀이

선생님: 하늘반 친구들이 악기 연주하는 소리를 들으니까 연주회에 온 거 같아~.

유아2: 선생님! 연주회가 뭐예요?

선생님: 하늘반 친구들이 악기를 모아 노래에 맞춰 흔들거나 두드리는 것을 연주라고 하잖아. 연주를 하고 사람들을 초대하는 걸 연주회라고 해.

유아2: 그럼 우리도 연주회를 해요.

유아1: 그럼 보러 오는 사람이 있어야 하잖아.

유아2: 형님들을 초대하면 되지!

선생님: 어떤 방법으로 초대할 수 있을까?

유아3: 초대장을 만들어요!

유아2: 그럼 우리 유희실도 이쁘게 꾸미자!

선생님: 형님들을 초대하려면 연습을 해야 할 거 같아요.

유아1: 그럼 넌 실로폰 해. 나는 탬버린 할게.

유아4: 나는 안 하고 싶어요

선생님: 그럼 악기 연주 말고 악기 연주를 하는 사람들이 연주를 잘할 수 있도록 지휘자가 되면 어때?

유아2: 오! 좋아요! 근데 지휘자가 뭐예요?

선생님: 연주하는 사람들은 어떻게 연주하고 지휘자는 어떤 역할인지 우리 같이 알아볼까?

10. 우리가 준비한 연주회에 형님들을 초대해요

선생님: 형님들을 초대해서 연주회를 연 기분이 어땠어?

유아1: 떨렸어요!

선생님: 왜 그런 느낌이 들었어?

유아1: 형님들이 앞에 있으니까 틀릴까 봐 걱정됐어요.

선생님: 그랬구나~ 그런 마음이 느껴졌구나.

유아2: 재밌었어요!

선생님: 뭐가 제일 재밌었어?

유아2: 형님들이 앙코르를 한 거요!

선생님: 오~그렇구나! 우리 다음번에도 기회가 있다면 이렇게 형님들을 초대하여 함께 놀자! 오늘 정말 수고 많았어.

만 4~5세
그림책 만들기 질문놀이

감나무 아래에서
박진홍 글 최지은 그림/ 키즈엠

감나무 아래에 있던 영이 앞에 푸른 잎이 하나 떨어집니다. 나뭇잎에 폴짝 올라 탄 영이는 하늘을 날아다니며 온 동네의 가을을 구경합니다.

1. 배등제질 놀이

그림책 제목을 미리 지운 후, 그림책 앞표지와 뒤표지를 펼쳐 유아와 함께 그림을 본다.

배) 선생님: 그림책의 계절은 어떤 계절일까요?

유아1: 가을이요. 왜냐하면 가을은 감이 나오는 계절이니까요.

유아2: 봄이요. 봄에는 꽃이 피니까요.

유아3: 가을이요. 코스모스는 가을 꽃이니까요.

등) 선생님: 주인공은 무엇을 하고 있는 것 같아요?

유아1: 감을 보고 있어요. 감이 나무에 매달려 있어서요.

선생님: 감을 보고 있는지 어떻게 알 수 있나요?

유아2: 눈동자가 위로 가 있어서 나무를 보고 있다고 생각했어요.

유아3: 감이 머리에 떨어져서 감을 먹으려고 하고 있어요.

유아4: 놀다가 나무 아래서 쉬고 있는데 감이 떨어져서 먹으려고 해요.

유아5: 나는 여자아이가 감 머리띠 하고 와서 감 나무 밑에서 쉬고 있는 것 같아요.

제) 선생님: 이 그림책의 제목은 무엇일까요?

유아1: 가을이 가장 좋아.

선생님: 왜 그렇게 생각했어요?

유아1: 집 마당에 감나무와 꽃이 있어서요.

유아2: 감나무가 좋아. 왜냐하면 감나무가 있으니까요.

유아3: 가을은 좋은 날이야. 왜냐하면 여자아이가 웃고 있으니까요.

선생님: 이 그림책은 어떤 이야기가 들어있을까요?
유아1: 신발을 신고 있어서 농사를 지을 것 같아요.
유아2: 감을 따러 갔는데 감을 못 따서 힘들어서 쉬고 있을 때 감이 떨어진 이야기일 것 같아요.

2 우리가 상상한 그림책 이야기

그림책 장면을 보고 떠오르는 생각을 유아가 말하면 교사가 대신 받아 적는다.

나뭇잎이 떨어진다
우와, 날아가니까 시원해.
너무 재밌다. 신기해.

저기 집을 보니까 서울 같아.
파란 집 지붕이 너무 예쁘다.
여러 가지 나뭇잎이다.

예쁘다.

잠자리가 같이 놀자고 하는 것 같아.
"잠자리야 안녕" 벼가 있어서 신난다!
우와! 잠자리랑 같이 노는 것 재밌다.

허수아비를 보며 "깜짝이야!"
"허수아비 아저씨 무서워."

구름이 몽실몽실 예쁘다.
구름아 너는 나를 보고있어?
구름아, 같이 놀자.

저 감 맛있겠다.
감나무에 가볼까?

우와아~ 감이 떨어진다.
이 감을 주워서 집에 가서 먹어야지!

3. 우리가 상상한 그림책 제목

선생님: 제목은 어떤 것으로 지었으면 좋겠어요?

유아1: 또 감을 먹어야겠다.

선생님: 왜 '또 감을 먹어야겠다'로 지었으면 좋겠어요?

유아1: 주인공이 감만 보고 있으니까요.

유아2: 어? 감이 머리에 떨어졌네.

선생님: 왜 '어? 감이 떨어졌네'라는 제목을 생각했나요?

유아2: 감이 머리에 있어서요.

유아들과 투표한 결과 '또 감을 먹어야겠다'로 제목을 정하였다.

4. 그림책 만들기

그림책 장면마다 유아들이 상상하여 꾸민 이야기를 활자로 넣어 프린트한 후 클리어 파일에 넣어주었다. 유아들이 직접 내용을 상상하여 적을 수 있도록 작은 책 형태로 만들어 주었다.

유아1: 우리가 만든 그림책 재밌어요! 그림책 또 만들어보고 싶다.
선생님: 그림책을 만들기 위해서는 무엇이 필요한가요?
유아1: 그림책 장면이 다 있으면 우리가 글씨 써서 만들어봐요.

5. '감 떨어진다' 질문 게임

그림책을 읽으면서 궁금한 질문들을 포스트잇에 하나씩 적
는다. 뭉친 휴지를 종이로 둥글게 감은 후 파스텔로 색칠하여
감을 만든다. 질문이 적힌 포스트잇을 접어서 앞에 모아 놓는다.

그림책 읽고 질문 만들기

-나무를 안 흔들었는데 왜
밤송이랑 도토리랑 솔방울
이 떨어졌을까?
-나뭇잎은 왜 가을이 되면
색깔이 변할까?
-영이는 왜 숲으로 갔을까?

-영이는 왜 혼자였을까?

-왜 나뭇잎을 탔는데 색깔이 변했을까?

-영이 집은 어디일까?

-나뭇잎을 탔을 때 장난감처럼 보였을까?

게임 규칙

-유아 한 명이 뒤 돌아서 '감 떨어진다! 하나 둘 셋!'을 외친 후에 감을 던진다.

-던진 감을 잡은 유아가 앞에 나와서 질문이 적힌 종이를 하나 뽑는다.

-종이에 적혀있는 질문을 읽고 질문에 대한 내 생각을 이야기한다.

-자기의 생각을 말한 유아는 감을 던질 기회를 얻는다.

6. 그림책 비밀 힌트 찾기

선생님: 그림책 비밀을 찾아 볼까요? 비밀의 힌트는 면지에 있어요.

유아1: '감나무 아래에서' 책에서도 힌트가 있을까?

유아2: '이상한 엄마' 그림책에서는 힌트가 계란이었는데!

유아3: '감나무 아래에서' 책은 힌트가 감이지 않을까?

유아1: 궁금하다! 내가 가져와볼게!

유아1: 뭐야! 힌트가 나뭇잎이었네!

유아3: 앞에 힌트는 초록색 잎이었는데 그림책 뒤에는 노란색이랑 주황색으로 바꼈네. 왜 나뭇잎 색깔이 바꼈지?

유아2: 가을이라 그런 거 아니야?

유아3: 아~ 이 그림책의 힌트는 가을인가봐.

유아4: 그림책 장면에서도 가을 장면 있잖아.

유아3: (그림책 한 장면을 보며) 나도 이 그림 그리고 싶다.

유아4: 나는 가을을 그려야지.

도화지 위에 유아들이 생각하는 가을 장면을 그린다.

유아3: 선생님~ 여기 나무에 진짜 나뭇잎 붙이면 어때요?

선생님: 좋은 생각이에요.

그리던 그림을 들고 바깥 놀이터로 나가 나뭇잎을 붙이며 가을 그림을 그렸다. 교실에 돌아와 가을 그림을 파스텔로 마무리하였다.

7. 가을 동시 만들기

-유아가 그린 가을 그림에 대해 질문놀이 한다.
-질문에 대한 유아의 생각을 정리하여 시를 만든다.
-유아와 같이 만든 시를 읽는다.
-시를 읽은 유아가 제목을 만든다.

선생님: 이건 무엇을 그린 건가요?

유아1: 우리 아파트의 가을이에요. 쌩쌩 바람이 불어요. 여기에는 감나무에서 감이 톡톡 떨어져요.

선생님: 여기 있는 사람들은 누구인가요?

유아1: 가족들이요. 가족들이 웃고 있어요.

선생님: 가족들이 웃고 있을 때 여기서 어떤 소리가 들리나요?

유아1: 하하하 웃고 있어요.

《우리 아파트의 가을》_김민찬

쌩쌩
가을 바람 부는 소리

톡톡
감이 떨어지는 소리

하하하
가족들이 웃는 소리

선생님: 이건 무엇을 그린 거예요?

유아2: 허수아비요.

선생님: 허수아비가 무엇을 하고 있나요?

유아2: 허수아비는 논을 지켜요.

선생님: 이 그림의 허수아비는 기분이 어때요?

유아2: 혼자 슬퍼요. 왜냐하면 이제 벼가 없어지고 혼자 남으니까
요. 하늘은 파래요. 그리고 땅은 에메랄드 보석처럼 반짝거려요.

《혼자 남은 허수아비》_마시온

논을 혼자 지키는 허수아비.
이제 벼가 없어지니 슬픈 허수아비.
하늘은 파랗고
땅은 에메랄드 보석처럼 반짝거려요.

8. 시 그림책(학급 문고) 만들기

　나뭇잎을 이용하여 가을을 표현한 그림, 그림을 보며 떠오르는 생각을 정리하여 만든 아이들의 가을 시를 교실 한쪽에 전시하였다. 그림책 놀이를 확장하다보니 유아들의 그림과 시가 탄생했고, 이것들을 모아 한 권의 책으로 만들었다.

-나뭇잎을 이용하여 가을 그림 그리기
-가을 그림을 보며 하브루타 하기
-하브루타 한 내용으로 시 만들기
-유아들의 그림을 사진 찍어 편집하기
-시집 출간

가정에서
요!요? 놀이

민준이(만 1세)와 아빠

요즘 민준이의 관심사는 공룡이다. 공룡 그림만 보면 눈을 못 떼는 민준이를 위해 엄마는 공룡이 나오는 그림책을 여러 권 준비해 두었다. 저녁 식사를 마친 민준이는 공룡 그림이 있는 그림책을 들고 아빠에게 갔다. 공룡 그림을 찾느라 빠르게 책장을 넘기는 민준이를 바라보던 아빠는 그림책으로 요!요? 놀이를 했다.

꼬마 공룡 로리의 모험
리즈 클라이모 지음/ 키즈엠

꼬마 공룡 로리가 아빠없이 혼자서 모험을 떠납니다. 아빠는 로리를 따라다니며 몰래 도와주었답니다.

1. 표지로 하는 요!요? 놀이

아빠: 민준아 여기 뭐가 보여요?

민준: 엄마 공룡이랑 아기 공룡이 있어.

아빠: 엄마 공룡이랑 아기 공룡이 있어요?

민준: 아기 공룡이 엄마 공룡 위에 올라가 있어.

아빠: 아기 공룡이 왜 엄마 공룡 위에 올라가 있을까요?

민준: 가려고.

아빠: 어디를 가려는 걸까요?

민준: 커다란 키즈카페에 가는 거야.

아빠: 아하, 키즈카페에 가는 거구나.

2. 장면으로 하는 요!요? 놀이

아빠: 민준아 여기 뭐가 있어요?

민준: 엄마 공룡 아기 공룡 멧돼지가 있어.

아빠: 엄마 공룡이랑, 아빠 공룡이랑 멧돼지가 있어요? 멧돼지가

여기 왜 있을까요?

민준: 같이 동물원 가자고 했어.

아빠: 다 같이 동물원에 갔어요?

민준: 응!! 멧돼지는 동물원에 있어야 해.

아빠: 멧돼지는 동물이라서 동물원에 있어야 하는구나.

지윤이(만 3세)와 엄마

올해 가을은 유난히 예쁘다. 몇 년간 미세먼지로 파랗고 높은 가을 하늘을 보기 어려웠기에 더욱 그렇다. 예쁜 가을 풍경은 아이와 손잡고 하브루타 하며 산책하기 딱 좋다. 아이 눈에 비친 가을은 어떤지 궁금해진다. 요즘 유치원 생활을 즐거워하는 지윤이와 엄마는 틈만 나면 가을 산책을 한다.

1. 산책 요!요? 놀이
산책하며 논을 보다가 아이와 요!요? 놀이를 한다.

엄마: 지윤아, 산책하니까 너무 좋다.

지윤: 우와~ 엄마 정말 좋아요.

엄마: 지윤아, 뭐가 보여요?

지윤: 음~. 벼가 보여요!

엄마: 벼가 보여요? 왜 벼가 보여요?

지윤: 저기 (벼를 가리키며) 안에 쌀이 있어요

엄마: 벼 안에 쌀이 있어요? 왜 그렇게 생각해?

지윤: 쌀은 몸을 튼튼하게 해주니까요. 하얀 쌀 검은 쌀은 정말 몸을 튼튼하게 해줘요.

엄마: 아. 그렇구나. 지윤이는 쌀이 몸을 튼튼하게 해준다고 생각하는구나. 정말 논에 벼가 많다. 이제 가을이 되어서 벼도 익고 색깔도 변했네.

지윤: 맞아요. 가을 나무도 색깔이 변해요. 유치원에서 선생님들하고 배웠어요.

엄마: 우와~ 지윤이는 유치원에서 재밌는 거 많이 배우는구나!

지윤: 엄마 우리 저기도 가봐요.

2 등원 요!요? 놀이

아침에 유치원에 등원하며 아이와 주변 풍경을 보며 요!요? 놀이 한다.

엄마: 음~ 날씨 좋다.!!

지윤: 정말 좋다. 엄마 하늘 좀 봐요.

엄마: 지윤이는 뭐가 보여요?

지윤: 아름다운 세상이 있어요.

엄마: 아름다운 세상이 있어요? 왜 아름다운 세상이 있어요?

지윤: 이거 봐요. (바닥에 떨어진 나뭇잎을 가리키며) 나뭇잎도 이쁘고, 나비도 이쁘고, 새들도 이쁘고, 아름다운 나무도 있으니까요.

지윤: 가을 나무도 있어요!

엄마: 가을 나무도 있어요?

지윤: 가을 나무는 색깔도 달라요

엄마: 가을 나무는 색깔도 달라요?

지윤: 나뭇잎도 굴러가고 벌레 친구들도 있어요!

엄마: 나뭇잎도 굴러가고 벌레 친구들도 있어요? 지윤이는 왜 세상이 아름답다고 생각해?

지윤: 지윤이 눈에 보이니까요.

엄마: 아! 그렇구나!

지윤: 엄마 우리 뛰어봐요.

엄마: 그래. 우리 아름다운 세상으로 뛰어가 보자.

가정에서
그림책 질문놀이

지윤이(만 3세)와 엄마

그동안 나는 아이가 읽어 달라고 가져오는 그림책을 실감 나게 읽어주는 것이 최선인 엄마였다. 아이와 그림책을 읽고 아이에게 질문하고 아이의 생각을 듣기 위해 기다리는 것이 처음엔 어색했다. 그러나 어색함도 잠시, 그림책 질문놀이는 우리 집의 새로운 놀잇감이 되었다.

배고픈 늑대 페코페코
미야니시 다쓰야 지음/ 교원

배고픈 늑대 페코페코가 먹을 것을 찾아 숲을 헤매다 가 무를 허겁지겁 먹습니다. 페코페코는 동물들을 잡 아먹고 싶었지만 계속 무만 먹게 됩니다.

---

1. 표지 읽기

엄마: 지윤아. 어떤 그림이 보여?

지윤: 늑대가 있어요.

엄마: 늑대가 있어요?

지윤: (생쥐를 보며) 이건 뭐지?

엄마: 그러게? 이건 무슨 동물일까? 엄마도 궁금하다. 그런데 늑대 좀 봐. 무얼 들고 있는 걸까?

지윤: 오잉? 이건 무인데? 무가 있어요.

엄마: 정말 무가 있어요? 왜 무가 있어요?

지윤: 늑대가 무를 먹으려고요.

엄마: 왜 늑대가 무를 먹을까?

지윤: 음…. 늑대가 배가 고픈 거 같아요.

엄마: 아! 그럴 수도 있겠다.

지윤: 엄마! 나 슈퍼에서 무 사봤지요? 큰 무! 그래서 엄마가 김치 만들어 줬지요?

엄마: 맞아. 정말 무거운 무 샀었는데. 맛있게 먹었었지? 우리 이 책 읽어볼까?

지윤: 네!!

2. 질문 나누기

엄마: 어떤 부분이 재밌었어?

지윤: 생쥐나 토끼나 닭이나 돼지가 먹고 싶다고~!

엄마: 아~ 그렇구나!! 만약에 지윤이가 페코페코였다면 어땠을까?

지윤: 음~, 나는 동물 친구들을 잡아먹지 않고 사랑해 줄 거예요.

엄마: 아. 동물 친구들을 만난다면 잡아먹지 않고 사랑해 줄 거라고?

지윤: 네. 다 내가 좋아하는 동물들이에요. 다 귀여워요.

엄마: 그래. 지윤이가 늑대라면 동물 친구들도 도망가지 않고 만나면 같이 놀지도 몰라.

지윤: 맞아요. 그래서 같이 맛있는 것도 먹고, 같이 놀고 그럴 거예요.

엄마: 그럼 무만 먹지 않아도 되겠는걸?

지윤: 그럼요.

엄마: 우리 지윤이는 좋겠다. 동물 친구들과 만나면 함께 놀 수 있어서!

3. 질문놀이

주말에 지윤이와 함께 할머니 댁에 놀러 갔다. 마침 할머니께서 밭에서 무를 뽑고 계셨다.

지윤: 엄마. 페코페코가 먹은 무에요.

엄마: 그러네? 페코페코가 먹은 무랑 똑같네?

지윤: 엄마. 지윤이도 무 먹을 수 있어요.

엄마: 지윤이도 무 먹을 수 있어요? 무를 어떻게 먹을까?

지윤: 엄마가 깍두기 만들면 되지요.

엄마: 아! 그렇구나. 그럼 지윤이랑 엄마랑 깍두기 만들어 볼까?

할머니 댁에서 무를 뽑아 돌아오는 길에 지윤이 친구를 만났다. 지윤이 친구와 같이 깍두기 만들기를 했다. 깍두기를 만드는 동안 지윤이는 친구에게 배고픈 늑대 페코페코 이야기를 하며 즐거워했다.

승완이(만 4세)와 엄마

루비와 레나드의 깜짝 선물

주디스러 셸 지음/ 도미솔

생쥐 루비와 레나드는 다른 생쥐들을 위한 컵케이크를 몰래 만듭니다. 루비와 레나드는 들키지 않으려고 조심조심 케이크를 만들고 다른 생쥐들은 그런 루비와 레나드를 몰래 지켜봅니다.

1.표지 읽기

엄마: 승완아 어떤 모습이 보여?

승완: 생쥐들이 앉아 있는 것 같아.

엄마: 생쥐가 어디에 앉아있는 걸까?

승완: 접시 위에.

엄마: 접시 위에 앉아서 무엇을 하고 있는 것 같아?

승완: 컵 케이크를 만드는 것 같아.

엄마: 컵케이크? 왜 그렇게 생각했어?

승완: 음…친구들한테 나누어주려고.

엄마: 아하. 친구들에게 나누어주려고 컵케이크를 만드는구나. 그럼 바닥에는 무엇이 보여?

승완: 계란이랑 구슬같은 거~.

엄마: 왜 바닥에 이렇게 떨어져있는 걸까?

승완: 작은 구슬들이어서 잘 줍기 힘드니깐. 우리도 흘린 적이 있잖아~.

엄마: 맞아, 우리도 흘린 적이 있었지~. 이 책 제목은 무엇일까?

승완: 시골쥐와 서울쥐.

엄마: 왜 그렇게 생각했어?

승완: 색깔이 틀리니깐.

2 질문 주고받기

엄마: 루비와 레나드는 누구를 위해 선물을 만들었을까?

승완: 회색쥐한테.

엄마: 승완이가 루비와 레나드가 되어 케이크를 몰래 만든다면 어떤 기분일 것 같아?

승완: 엄청~ 신나는 마음.

엄마: 승완이는 엄~ 청 신나서 조용하게 케에크를 만들 수 있을 것 같아?

승완: 응!

엄마: 승완아 우리 이 책을 읽고 어떤 놀이를 해 볼까?

승완: 그림을 그리고 싶어~, 멋있는 그림.

엄마: 오~ 그렇구나~, 어떤 멋있는 그림을 그리고 싶어?

승완: 케이크? 엄마 케이크 만들 수 있어?

엄마: 컵케이크는 만들 수 있을 것 같아.

승완: 엄마, 우리 케이크 안에 반지도 넣을까?

3. 컵케이크 만들기

엄마: 케이크를 만들 때는 어떻게 하는 게 좋을까?

승완: 반죽을 만들어야지~.

엄마: 승완이 너라면 반죽을 만들 때 어떻게 하겠어?

승완: 밀가루를 물에 넣어서 오래오래 버무려주고 그리고 아름답게 통에 넣어서 오븐에 구워야지~ 그리고 토핑을 올리고.

엄마: 오~ 토핑도 올릴 거야? 승완이는 어떤 토핑이 좋겠어?

승완: 딸기 같은 토핑, 블루베리 토핑, 포도 토핑, 바나나 토핑.

엄마: 이렇게 토핑을 하면 어떤 맛이 될까?

승완: 초콜릿맛?

머핀 틀이 없어 종이컵을 사용하여 컵케이크를 만들기로 하였다.

승완: 밀가루가 너무 부드럽다~ 계란이랑 우유 넣는거야?

엄마: 응~ 부드러운 밀가루가 어떻게 될까?

승완: 슬라임 같아~ 달달한 냄새가 나는데? 반죽에 뭘 더 넣으면 좋겠는데~ 집에 뭐 있어?

엄마: 바나나랑 초콜릿 밖에 없는데?

승완: 그럼 그거 여기다 넣어보자.

엄마: 승완아 너 케이크 완성하면 누구한테 줄거야?

승완: 김리예.

엄마: 왜? 리예한테 주는 건데?

승완: 아, 이준우도 줘야겠다~ 나랑 친하거든. 강성우랑 김수민도.

엄마: 아하. 승완이 친구들에게 주고 싶구나.

준우(만 7세), 다온(만 4세)이와 엄마

코로나19로 학교와 어린이집을 제대로 다니지 못하고 집에 있는 시간이 많아진 남매와 요즘 그림책으로 질문놀이를 자주 하게 된다. 그림책 질문놀이는 초등학생이 된 큰아이가 졸업했고, 지금은 여섯 살 작은 아이가 다니는 어린이집에서 알게 되었다. 아이들과 그림책을 같이 읽고 질문을 주고 받으면서 아이들이 어떤 생각을 하고 있는지 알게 되고, 그림책 내용과 연관된 놀이를 함께 하는 즐거움이 있다.

> **이제 숲은 완벽해!**
> 애밀리 그래빗 지음/ 주니어김영사
>
> 모든 걸 깔끔하게 정리해주는 숲돌이 오소리는 동물 친구들 외모도 정리해주고 숲도 깨끗하게 쓸고 닦습니다. 숲돌이는 숲을 정돈하기로 마음먹고 숲을 몽땅 없애버립니다.

1. 동기 질문놀이-표지 읽기

책 표지를 포스트잇으로 가리고 제목을 유추할 수 있게 까바 놀이를 하였다.

엄마: 무엇이 보입니까?

준우: 오소리가 보입니다.

엄마: 오소리가 보입니까?

다온: 나무가 보입니다.

엄마: 나무가 보입니까?

준우: 가을인 거 같습니다.

다온: 가을입니다.

엄마: 가을입니까?

엄마: 가을이라는 것을 어떻게 알았습니까?

준우: 나뭇잎의 색깔을 보고 알았습니다.

다온: 나무가 알록달록합니다.

엄마:오소리는 무엇을 하고 있습니까?

준우: 나뭇잎을 바구니에 넣고 있습니다.

다온: 쓰레기를 쓰레기통에 넣습니다.

엄마: 오소리는 왜 쓰레기를 쓰레기통에 치우고 있습니까?

준우: 나뭇잎에 미끄러져서 다칠 수도 있기 때문입니다.

다온: 바스락 소리가 시끄럽고 병균이 생기기 때문입니다.

2. 한 장면 그림만 보고 설명하기

책 읽기 전에 눈을 감고 책을 펼쳐서 장면이 보이는 곳을 고른 후 서로의 생각을 나누며 내용을 유추해 보았다.

포스트잇을 떼고 제목을 본 아이들은 뜻밖이라는 듯 "어?

제목에 가을이 들어갈 줄 알았는데 왜 숲이 완벽하지?"라고 물으며 내용을 궁금해했다.

책을 읽은 후 아이들과 생각 나누기를 하였다.

엄마:너희들이 보기에 숲이 완벽한 거 같니?

준우: 오소리가 나뭇잎을 다 치워서 숲이 어두워 보였을 때는 아니었어요!

다온: 나뭇잎이 가득한 숲이 더 완벽한 거 같아요!

엄마: 만약 내가 오소리였다면 어떻게 했을 거 같니? 엄마라면 숲은 숲이 하고 싶은 대로 두었을 거 같아!

준우: 음. 그래도 쓰레기는 주워야 할 거 같아요. 바이러스도 퍼지고 냄새가 나고 미끄러져서 다칠까 봐 걱정돼요.

다온: 맞아요! 숲은 깨끗해야 해요! 오소리처럼 너무 청소하는 거 말고 나뭇잎은 그대로 두고 쓰레기만 청소해야 해요!

엄마:그런데 나뭇잎을 치우면 안 되는 이유가 있을까?

준우: 왜냐하면 숲을 위해서예요 동물들도 먹고 살아야 해요! 추운 겨울 준비도 해야 하니까요.

다온: 나뭇잎을 치우면 숲이 슬플 거 같아요. 그리고 무서운 느낌이 들거든요. 숲이 감기 걸릴 수도 있으니 나뭇잎은 그냥 두는 게

좋아요!

작은 아이에게 질문하면 오빠의 대답을 따라서 하기에 원장님께서 주셨던 '생각의 바나나' 그림책 발문 카드로 몇 가지의 질문을 놓고 활동을 하니 자기 생각을 좀 더 자신 있게 표현하였다.

3. 색다른 숲속 여행 놀이

아이들과 하브루타 활동을 할 때 주제가 비슷한 내용의 책을 2권 정도 연계하여 활동하는데 한 권은 내용에 중심을 두었다면 한 권은 색감에 중심을 두어 활동을 한다.

《색다른 숲속 여행》은 삼원색으로 숲을 나타낸 숨은그림을 찾는 비밀 책이다.

지문에 따라 색안경을 쓰고 숲에 숨어 있는 동물들을 찾아내는 책이라 아이들이 흥미 있어 했다. 두 가지 숲을 여행한 남매는 직접 숲을 꾸미고 싶어 했다.

엄마: 숲을 꾸미려면 무엇이 필요할까?
준우: 나무, 나뭇잎, 열매, 동물이요.
다온: 우리 집에 어떻게 데리고 오지?

엄마: 우리가 만들어 보자! 색종이로 동물을 꾸며 볼까?

아이들이 색종이로 동물을 접고 꾸며 주었다.

엄마: 이제 동물 친구들은 준비가 되었는데 숲은 어떻게 만들까?

준우: 나뭇잎을 모아서 꾸며요!

다온: 우아! 좋은 생각이야!

엄마: 그런데 오소리 숲처럼 나뭇잎이 넘쳐서 집이 지저분해지면
어쩌지? 우리가 밖으로 나가서 작은 숲을 만들어 줄까?

밖으로 나가자는 말에 아이들은 환호성을 질렀고 코로나로
인해 멀리는 가지 못하고 아파트 단지 내 나무 밑을 탐색하며
아이들과 작은 숲을 만들었다.

준우: 엄마, 숲을 잘 찾으려면 돋보기가 필요할 것 같아요!

다온: 우리 탐정이 된 거 같아!

엄마: 색다른 숲을 찾으려면 색깔 친구도 필요하겠지? 색깔 돋보기로도 찾아보자!

준우: 투명 돋보기로 볼 때랑 다른 느낌이에요 파란색으로 보니 차가운 느낌이 들어요

다온: 나는 빨간색으로 봐서 불타는 느낌이야!

엄마: 두 가지 색을 섞는다면?

준우: 어둠의 숲이라 안 되겠어요!

다온: 그냥 투명 돋보기로 찾을래요!

투명 돋보기를 들고 탐정이 된 듯한 남매는 동네를 서너 바퀴쯤 돌고서는 완벽한 숲을 찾았다고 기뻐했다. 그렇게 만족스럽게 찾은 숲에 남매는 색종이로 접은 동물 친구들을 장식하며 기뻐했다.

엄마: 우리 색다르고 완벽한 숲을 찾은 기념으로 동물 친구들과 사진 찍을까?

준우: 좋아요! 하지만 진짜 동물이 아니고 색종이 동물이어서 그냥 두고 가면 쓰레기가 되니까 사진 찍고 우리가 집으로 가져가요!

다온: 가을 소풍 온 거 같아서 너무 행복해요!

엄마: 우리가 예쁘고 아름다운 숲을 계속 보려면 할 수 있는 게 무엇일까?

준우: 쓰레기를 함부로 버리면 안 돼요!

다온: 음식을 남기면 지구가 아파요!

엄마: 우리가 집에서 할 수 있는 작은 일부터 꾸준히 하면 계속 아름다운 숲을 볼 수 있을 거야! 지금 말 한 거 약속 꼭 지키기!

준우, 다온: 네~~~!!

다온이(만 4세)와 엄마

어린이집에 가지 못하는 날이 많아지자 어린이집 선생님은 온라인 수업(ZOOM)으로 등원하지 못하는 아이들과 함께 그림책 하브루타를 하였다. 비록 화면으로 만났지만, 그림책을 읽고 선생님과 질문을 만들고 자기 생각을 주저없이 말하는 아이들이 기특하고 신기할 정도였다.

눈이 나쁜 기린

A.H 벤저민 글 길 매클레인 그림/ 동심

눈이 나쁜 기린은 동물 친구들이 안경을 만들어 주
었지만 쓰지 않습니다. 안경을 대체할 다른 도구들을
이용하여 생활하던 기린은 결국 안경의 중요성을 깨
닫게 됩니다.

그림책 하브루타를 마치고 아쉬워하는 다온이를 위해 기린
에게 어떤 선물을 만들어줄까 질문놀이를 했다.

엄마: 눈이 나쁜 기린이 왜 안경을 쓰지 않는 걸까?

다온: 예뻐 보이지 않아서요. 불편하니까요.

엄마: 안경은 꼭 눈이 나빠야만 쓰는 게 아니라 멋을 낼 때도 쓸 수
있어.

다온: 우와 그런 게 있어요?

엄마: 응, 선글라스라고 해. 햇빛이 강한 여름에 많이 쓰지.

다온: 우아 너무 좋아요! 그럼 내가 기린한테 뽐내기 안경 만들어
줄래요!

1. 선글라스 만들기

엄마: (책상에 놓인 셀로판지를 보며) 여기 어떤 색들이 있지?

다온: 빨간색, 파란색, 노란색, 초록색이 있어요.

엄마: 빨강 파랑 노랑은 삼원색이라고 해. 이 색들로 다른 색을 만들 수가 있어!

다온: 우아, 정말요?

엄마: 빨간색 셀로판지랑 노란색 셀로판지를 합치면 어떤 색으로 보일까?

다온: 주황색이 되네? 진짜 신기해요!

두꺼운 종이를 안경 모양으로 오리고 각각 빨강, 파랑, 노랑색의 셀로판지를 붙여 삼원색의 선글라스를 만들었다. 삼원색 외에 초록색 셀로판지를 붙여 초록색 안경을 만들었다.

다온: 엄마. 난 분홍색 안경을 만들고 싶어요.

엄마: 분홍색 셀로판지가 없는데 어떻게 해야 분홍색 안경을 만들 수 있을까?

다온: 여기 비닐에 분홍색 사인펜으로 칠해서 안경에 붙이면요?

엄마: 오우 좋은 생각이야.

　　다온이는 투명 셀로판지
에 분홍색 사인펜으로 색칠
하여 분홍 안경을 만들었다.

엄마: 이제 기린한테 선물해 줄 안경은 무엇으로 만들어 볼까?

다온: (모루를 들어 보이며) 이걸로 둥글게 안경을 만들 거예요.

엄마: 그럼 엄마는 그림책에서 본 눈이 나쁜 기린을 그려줄게.

다온: 제가 만든 안경은 속눈썹이 쑥쑥 자라는 안경이에요!! 기린
아 안경을 쓴다고 미워 지는 게 아니야! 멋 낼 때 같이 쓰자!

2 색깔 카드, 신체 카드놀이

그림책 질문놀이 후 기린에게 선물할 선글라스를 만들면서 색에 관심이 많아 보였다.

색에 관심을 두는 아이를 위해 신체를 이용하여 색깔을 찾는 놀이를 하였다.

놀이 방법은 간단하지만 색 카드와 신체 카드를 이용해 문제 해결력과 신체를 조절하는 능력을 기를 수 있다.

게임 방법

-종이봉투를 두 개 준비하여 한쪽에는 신체 카드를 넣고, 다른 봉투에는 색깔 카드를 넣는다.

-여러 가지 색의 색종이를 바닥에 펼쳐놓는다.

-봉투 안을 보지 않고 손을 넣어 신체 카드와 색깔 카드를 각각 한 장씩 뽑는다.

-색깔 카드와 똑같은 색의 색종이를 신체 카드와 같은 신체 부분에 붙인다.

오빠: 두근두근해요! 어떤 카드가 나올까?

다온: 신난다.!!

오빠: 어? 귀가 나왔네. 귀를 붙이려면 어떻게 해야 하지? 몸을 숙이고 노란색 색종이에 붙여서~.

다온: 다른 색에 몸 붙이기 없기!

단순한 활동이지만 아이들은 즐거워하며 엄청난 집중력을 발휘하며 놀이하였다.

그림책을 읽고 끝내는 게 아니라 질문놀이 한 뒤 조금 더 다양한 활동으로 확장하여 놀이도 할 수 있어서 정말 좋다. 요즘처럼 코로나로 인해 바깥 활동이 제한되는 때에 그림책 질문놀이는 정말 좋은 놀이감이다.

그림책에 관한 내용의 이해도도 높아지고 그림책 내용도 다양하게 해석할 수 있게 되어 놀이를 떠나 교육적 효과도 큰 것 같다.

에필로그

하브루타가 교육 문화로 자리를 굳히게 되었습니다. 교육계의 유행으로 3년이면 지나가리라는 예측과 달리 가정과 교육 현장에 정착되어 가고 있는 것입니다. 좋은 사례들이 발표되기 시작할 때쯤 말하기가 완성되지 않은 영아들의 하브루타는 어떻게 시작할까요?라는 질문이 시작되었습니다.

유아들의 경우 어른들과 하브루타 방식이 달라야 하기에 질문놀이가 대안이라고 생각했습니다. 그렇다면 영아는 어떨까요? 영아들의 하브루타 또한 발달 단계에 맞게 질문놀이로 접근해야 합니다.

드디어 영아 선생님들과 영아들만의 현장 적용 사례를 공유하기 시작했습니다. 그리고 영유아의 행복한 교육을 위해 하브루타를 실천하는 원장님을 만나게 되어 본격적인 연구와 기록이 가능할 수 있었습니다.

이 책에 수록된 사례들은 먼저 시작한 가정과 교육 현장의 사례들입니다. 끝이 아니라 시작이라는 뜻입니다. 초등 이상의 사례들은 많이 있지만 영아들의 적용 사례는 부족합니다. 처음 시작하는 영아들의 질문놀이 교육 문화에 도움이 되었으면 하는 바람으로 집필을 시작하였습니다.

영유아 질문놀이의 핵심은 무엇일까요? 바로 놀이입니다. 특히 언어가 완성되지 않은 영아들은 놀이를 통해 모든 것을 배웁니다. 놀이에 질문을 더하여 배움이 일어나는 것이 질문놀이입니다.

이를 위해서는 주 양육자와 선생님의 알아차림이 중요합니다. 영아들의 필요와 욕구를 손짓과 몸짓과 외마디 언어를 통해 민감하게 알아차려야 합니다. 알아차렸다면 발견한 것이 맞는지 원하는 것이 있는지 묻습니다. 이렇게 돌봄 받을 때 아이는 건강하게 자라날 수 있습니다.

영유아의 하브루타는 질문놀이입니다. 이 책에 실린 먼저 실천한 사례와 방법들이 도움이 되기를 바랍니다. 질문을 놀이로 배우는 즐거움이 영아 때부터 습관으로, 문화로 자리 잡기를 바랍니다.

끝으로 영유아 질문놀이 연구에 동참해 주신 선생님들과 아이들의 사진을 허락해 주신 부모님들께 감사를 전합니다.

2022. 2. 저자 권문정

질문이랑 놀이랑

2022년 2월 4일 1판 1쇄 발행
2022년 4월 15일 1판 2쇄 발행

지은이 김선미 권문정
펴낸이 조금현
펴낸곳 도서출판 산지
전화 02-6954-1272
팩스 0504-134-1294
이메일 sanjibook@hanmail.net
등록번호 제018-000148호

@김선미, 권문정 2022
ISBN 979-11-91714-06-7 03590